所谓情商高就是有分寸

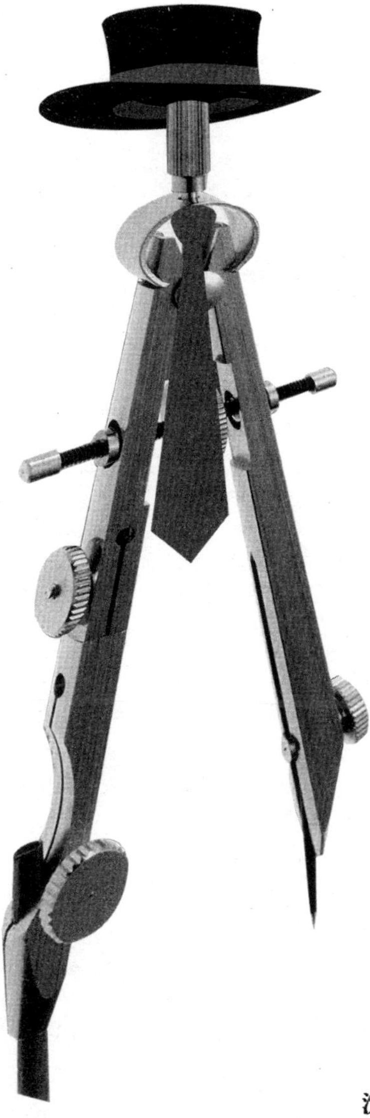

金　文◎著

沈阳出版发行集团
沈　阳　出　版　社

图书在版编目（CIP）数据

所谓情商高　就是有分寸 / 金文著. —沈阳 : 沈阳出版社，2017.9

ISBN 978-7-5441-8570-7

Ⅰ. ①所… Ⅱ. ①金… Ⅲ. ①情商－通俗读物 Ⅳ. ①B842.6-49

中国版本图书馆 CIP 数据核字（2017）第 184043 号

出版发行： 沈阳出版发行集团 ｜ 沈阳出版社

（地址：沈阳市沈河区南翰林路 10 号　　邮编：110011）

网　　址： http://www.sycbs.com

印　　刷： 北京中振源印务有限公司

幅面尺寸： 170mm×240mm

印　　张： 15.5

字　　数： 259 千字

出版时间： 2017 年 9 月第 1 版

印刷时间： 2017 年 9 月第 1 次印刷

选题策划： 郑　为

责任编辑： 王冬梅

特约编辑： 郭海东　毕　帅

封面设计： 视觉传达 010－51264077

责任校对： 孙　泽

责任监印： 杨　旭

书　　号： ISBN 978-7-5441-8570-7

定　　价： 39.80 元

联系电话： 024-24112447

E-mail： sy24112447@163.com

目录

CONTENTS

第二章
CHAPTER

情商高的人懂得把握做人的分寸

第三章
CHAPTER

情商高的人善于把握说话的分寸

第一章 情商高的人善于控制自己的情绪

困难和逆境给人创造了宝贵的磨炼自己的机会，只有那些无所畏惧，在困难面前不低头的人，才能经受住人生的考验，成为真正的强者！

林子大了，什么鸟都有

“林子大了，什么鸟都有”，这个社会也是如此，圈子大了，什么人都有。我们任何人都不可能一辈子关起门来过日子，不可能不与他人有交集，所以当我们为了在社会上立足，而把生活圈扩大，接触的人越来越多时，就会发现，这社会什么人都有：有好人，有坏人，有正直的人，有邪恶的人，有聪明绝顶的人，有“智商急需充值”的人，有少言寡语的人，有伶牙俐齿的人，有直来直去的人，有当面一套背后一套的人，有连地上的蚂蚁都不忍伤害的人，有心狠手辣、杀人不眨眼的人……

谁都希望自己所接触到的是好人，是对自己有益的人。可是如果很不幸地碰到了一些居心不良、心理扭曲甚至丧心病狂、精神变态的人，我们又避之不及，该怎么办？我想说的是，一定要先学会自保。

要想自保，首先要让自己有强大的内心，因为只有内心强大的人才能在任何情况下都保持头脑清醒，才能根据具体的人和具体的事随机应变。所谓的随机应变是指：能用智的就别用武力，实在不可避免需要动武的，也应该记住打得过就打，打不过就跑；有时可以逞能，有时则应该学会低头。如果不懂得自保，任性而为，那么很可能会吃大亏。

2013 年 7 月，在北京发生的一起狠心男子摔死两岁女童的事件，曾一度引起了社会的广泛关注。我们先来回顾一下事件的经过：一个推着儿童手推车带着两岁女儿外出的母亲与两个开车的男人因停车问题发生口角，随着口角的升级，其中一男子下车对该女子大打出手，打完还不解气，竟然把正在手推车上熟睡的两岁女童摔到了地上，导致女童死亡。

显然，对于这起事件，大多数人都会严厉谴责无论从道德上或是法律上都应该受到制裁的那个披着人皮却做出兽行的男人，而同情那位要承受丧女之痛的女人。但是我却有不同的看法，在对那位妇女深表怜悯的同时也对她处理这件事情的方法表示质疑：相对于那两个开车的男子来说，她一个女人又带着一个年幼的孩子本身就处于弱势，而她显然没有意识到自己的处境，任性地跟气势汹汹的男子评理甚至是言语攻击。显然，她没有理解“林子大了，什么鸟都有”这句话的现实意义，因此自然想不到自己这样的行为会造成什么可怕的后果。

很不幸的是，缺乏自我保护意识的她，这次在社会的大林子里碰到的恰恰是一只“恶鸟”，在争执的过程中，发现对方是蛮横嚣张的类型后，她仍然没有选择忍让退避，而是选择了“对攻”，结果她被“恶鸟”啄伤了，更惨痛的是，自己的孩子也因自己的“勇敢”而丧生。

让个车位本是小事，但是却让女儿丧生，这样的据理力争和争强好胜未免代价太大了。在这起事件中，争执双方本不相识，也从无恩怨，只是因为车位的问题才有了交集，产生了矛盾，作为带孩子的母亲完全没必要因此而争执，就算起了争执，看到对方来者不善，自己又带着孩子，如果她选择示弱和忍让，那么事情的结局也许不会那么悲惨。

可能会有很多人不同意这种看法，认为退让是对坏人的纵容。但是在一些特殊的情况下，选择忍让是更理智的行为，并不代表是害怕坏人，也不代表是纵容坏人。如果碰到坏人，哪怕自己处于绝对弱势的情况下，也要为了显示自己的“勇敢无畏”和追求真理而去选择硬拼，那么会让一个本来只是具有做恶人潜质的人在“勇敢者”的刺激下最终成为真正做下恶行的坏人。

勇敢只有用在理智、内心强大且能够随机应变的人身上才能发挥最大的效力。在生活中，面对不同的人和事，我们应该学会灵活掌握解决问题的方法，具体的人具体对待，具体问题具体分析。

切记：林子大了，什么鸟都有！

生气是拿别人的错误惩罚自己

“如果你为失去太阳而哭泣，你也将失去星星。”这是诺贝尔文学奖获得者，印度著名诗人泰戈尔的经典诗句。是的，生活往往就是这样，当你为无关紧要的琐碎事情斤斤计较，为陈谷子烂芝麻耿耿于怀，心灵之船就会不堪重负，从而影响未来。生气是拿别人的错误来惩罚自己。老是念念不忘别人的坏处，深受其害的只能是自己，只有懂得放下和遗忘的人，生活才能快乐轻松。学会遗忘、善于遗忘是一种洒脱，一种风度，一种自信，一种气概。

曾一度火爆的电视剧《武林外传》中有一句经典台词：“人在江湖漂，谁能不挨‘刀’？”这里的“刀”，就是朋友、同事或者亲人的背叛。在生活中，我们可能会遭遇到朋友的背叛；在职场中，“白色谎言”无处不在，“黑色谎言”随时发生。只是，有些欺骗我们可以忍受，有些“谎言”我们却没有办法谅解。那么对于我们不能轻易谅解的那些“黑色谎言”，我们该怎么办呢?

我们常说冤家宜解不宜结，冤冤相报何时了。我们有必要对头脑中储存的东西，及时给予清理，将那些让人不愉快的记忆删除，没有必要过后仍旧耿耿于怀。法国著名作家雨果曾经这样感叹：“世界上最宽广的是海洋，比海洋更宽广的是天空，而比天空更宽广的，是人的胸怀。”宽容别人的错误是一种智慧，一种气度。所以我们每个人都应该学会抱着宽容和平和的心态看待别人的错误，并容许别人改正错误。

英国诗人济慈说：“人们应该彼此宽容，每个人都有缺点，在他最薄弱的地方，每个人都能被切割捣碎。”他的论述让“做了错事得到报应才算是公平”的观点不攻自破，因为每个人都有缺点，都有软弱的时候，也都会犯错。作为肇事者要竭力避免伤害他人，但是作为受害人更应该以博大的胸怀宽容对方，避免消极情绪和怨恨的发生，才能真正愈合身心创伤。

海纳百川，有容乃大，生活中，宽容能够产生奇迹，可以减少不必要的损失。一个会做人又会做事的人，往往拥有开阔的胸襟。其实你宽容别人的同时也是在释放自己。要想有一番大作为，眼睛里就得能藏得下“沙子”。

英国有这样一句谚语：“世上没有不长杂草的花园。”生气是用别人的瑕疵惩罚自己；嫉妒是用别人的优点桎梏自己；阿谀奉承是徘徊在不现实的高度下的影子。只有宽容才纯真，才能让人们轻松地到达成功的彼岸。不会谅解别人的人永远活在冬天，他们用所有的精力在寒冷中挣扎；忘记宽容的人永远活在秋天，悲凉与孤独是他们的伙伴；假装宽容的人永远活在夏天，在短暂的繁华过后找不到真实的温暖；只有学会宽容的人才永远活在春天，即使偶尔有寒流袭来，他们也会在自己的心中打开一扇窗，那里莺歌燕舞、百花争艳、生机盎然。

赫拉克勒斯是古希腊神话中最伟大的英雄之一，他力大无比，因为曾与另一个巨人比力量失败了而受到羞辱。经过一年的卧薪尝胆，他感觉自己有了足够的资本可以“一雪前耻”。他怀着满腔仇恨到敌人所在的城堡去挑战。在去城堡的路上，他被一个袋子挡住了去路，于是他毫不犹豫的用脚踢它，想将这个拦路虎踢开，可是令人没有想到的是，袋子不仅纹丝未动而且因为受到撞击迅速膨胀起来，变得更大了。

赫拉克勒斯以力大而著名，却没有想到连袋子也踢不开，于是恼羞成怒，对着袋子连续猛踢起来，岂料那袋子非但纹丝未动还越来越大，大到把整个道路完全堵塞了。巨大的袋子像山一样横在道路中间，一向无所不能的赫拉克勒斯束手无策了。这个时候，有一个智慧的老人也来到这里，他告诉赫拉克勒斯：这个袋子叫仇恨，当你遇到它的时候，你应该想办法躲开它，而不是与它纠缠。因为它的特性决定了，你纠缠它就一定会被它纠缠住，它最喜欢与它为敌的人；而你躲开它，忽略它，它反而会无奈地自动消失。

赫拉克勒斯领悟了老人的话，对老人说："我绕道走吧。"老人微笑着给他指了指旁边的小岔路。

赫拉克勒斯绕开越来越大的袋子，悄悄地从小岔路走了。尽管他多绕了一段路，但是，不久又迂回到了大路上。他回头再去看那阻挡自己前行的叫作仇恨的袋子时，发现它早已经消失得无影无踪了。

当遇到背叛，我们是睚眦必报还是洒脱地遗忘？西奥多·凯勒·斯皮尔斯曾经指出："如何宽恕他人，这是我们需要学习的一种能力；我们不能将宽恕视为一种责任，或视为一种义务，而要把它当作类似于爱的体验，它应自发地到来。"投之以木桃，报之以琼瑶，把宽容插在水瓶中，它便绽出新绿；播种在泥土中，它便长出春芽。所以让我们学会宽容吧！

阿拉伯著名作家阿里，有一次和吉伯、马沙两位朋友一起旅行。3 人行经一处山谷时，马沙失足滑落。幸好吉伯拼命拉住了他，才将他救起。马沙于是在附近的大石头上刻下："某年某月某日，吉伯救了马沙一命。"

几天之后，他们行至河边，吉伯跟马沙为一件小事吵起来，吉伯一气之下打了马沙一耳光。马沙跑到沙滩上写下："某年某月某日，吉伯打了马沙一耳光。"阿里好奇地问马沙："为什么把吉伯救你的事刻在石头上，而将吉伯打你的事写在河滩上。"马沙回答："我永远都感激吉伯救我，我会记住的。至于他打我的事，我会随着河滩上字迹的消失，而忘得一干二净。"

这个故事告诉我们，牢记别人对你的好，忘记别人对你的不好，这才是做人的本分。人性都有自私的一面，所以会因为保护自己的利益而伤害别人，甚至做一些背叛的事情。其实无论是哪种背叛，经历过之后我们就会发现，我们在背叛中更成熟了，越来越懂得把握处世的分寸。所以也许，我们应该感谢背叛者。从另一个角度说，因为背叛而让你看清一个人，未尝不是一件好事。

宽容是人际交往必不可少的润滑剂。它和诚实、勤奋、乐观一样，是衡量一个人气质涵养、道德水准的尺度。宽容别人是对对方的尊重、接受、爱，是一种沟通，一种美德。假如在生活中，我们受到了不公正待遇或自己身边的人做错了事情，千万不要生气愤怒，而应学会宽容。

人生难免有坎坷，有失意，如果你不学会遗忘，会失去很多快乐。生活永远像天空一样，不会总是纯净透明、晴空万里，它会让你欢笑，也会给你悲伤，会让你尝遍酸甜苦辣咸。假如你不能遗忘，它就会成为我们人生的负担。

忘记惹你生气的人，如果眼里揉不得半粒沙子，过分挑剔，得理不饶人，凡事都要弄个是非曲直，容不下别人的不同意见，别人自然会远远地躲着你。古今中外，凡能成大事者，必定不拘小节，能忍别人不能忍之事，心胸豁达。人非圣贤，孰能无过，尽量宽恕对方的过错，只有这样，你的人际网才会越来越广，为你的成功提供更多的助力。

“鸭梨山大”，你承受得了吗?

大概很多人都有这样的感慨：人这一辈子活着太不易。小时候为了取得好成绩，读重点中学、上重点大学，要拼命学习；毕业参加工作后，为了房子、车子而拼命工作；结婚后为了让父母和自己的爱人过上好日子而拼命赚钱；有了孩子后，为了孩子有良好的未来而煞费苦心；孩子长大了，成家了，我们也慢慢老了……凡此种种，不禁让人慨叹人生的压力重重，套用网络上的一个词就是“鸭梨山大”。

有的人一提到“压力”这个词就既头疼又反感，觉得压力是生活中的绊脚石，美好的生活不应该有压力，应该是无忧无虑的。生活中没有压力就真的好吗？有心理学家针对这种心理指出：生活中存在压力是很正常的事情，而且适当的压力有利于人的身心健康。有科学家研究发现，生活在适当压力下的人们能够更深刻地感受到自己的努力，以及自己的努力所带来的成就；有压力的生活更容易让人思索自己人生的价值，并努力实现自己的人生价值。

在美国，曾经有这样一位大学生，为了偿还父母给他垫付的学费，每到放假他都要去父亲的工厂上班。在工厂里，他和其他工人一样，按时打卡上下班，每月按照出勤的次数和工作量结算工资，如果迟到，就会被扣奖金。

这样的日子让他觉得有压力，有时候他真想好好休息一下，不再想那些讨厌的学费、伙食费。但是现实让他不得不坚持下去，因为他那“铁面无私”的父亲从来都不会跟他讲情面，如果不能按时还债的话，父亲会毫不留情地按照当初的约定向他收取滞纳金。

几年后，他终于大学毕业了，欠父亲的债也还完了。他想，也许父亲应该让我接管他的公司了，我可以喘口气了。可令他万万没有想到的是，父亲不但没有让他接管公司，而且对他更加苛刻了——让他自力更生，自己去找工作，维持基本的生计，不再借给他钱。

他搞不懂父亲为什么这样对待自己。父亲公司的规模不小，效益也不错，而且父亲经常做慈善，可是为什么对自己却这么吝啬呢？无奈之下，他只好自谋出路。迫于生活的压力，他努力地工作，因为偷懒的下场是没有钱来填饱肚子和交房租。在别人的工厂工作了一段时间以后，他利用自己积攒下来的钱开了一家小店，小店的生意渐渐地好了起来，他又用赚来的钱开了一家公司，小公司慢慢地变成了大公司。正当他觉得自己终于摆脱了生活的压力，可以真正好好喘息一下的时候，他的公司却因为经营不善而倒闭了。一夜之间他又变成了一个一贫如洗的人。

面对打击，他曾一度颓废过，甚至对生活失去了信心，但是他并没有消沉太久。他迫使自己冷静下来，好好总结了失败的教训，咬紧牙关挺起胸膛，重新踏上了征程。可是这个时候，他的父亲却找到了他，让他来接管公司。对于父亲的决定他感到不解。他问父亲："我现在是一个一败涂地的人，你为什么还要我接管你的公司呢？"父亲语重心长地说："孩子，虽然你现在和几年前一样一无所有，但是你有了一段宝贵的经历，你学会了正视生活中的压力，并且学会了在压力中生存。我相信，现在的你一定能把我的公司经营得很好，放手去干吧，我相信你！"

最终，那位年轻人没有辜负父亲的期望，将公司发展成了世界上为人瞩目的大公司。他就是伯克希尔公司的总裁，有着"世界股神"称号的沃伦·巴菲特。

压力可以将一个人的志气消磨殆尽，也能够磨炼一个人的意志，这完全取决于我们如何看待压力。

生长在肥沃的土地上的鲜花固然令人喜爱，但是扎根于岩缝中的青松更加值得敬佩，因为它们能够在压力下挺然而立，保持乐观与坚强。有压力的人生才是真实的人生，压力可以磨炼人们的意志、激发人的潜能，经历了有压力的人生，我们才会更懂得热爱和珍惜自己的生活与事业，也更懂得如何战胜压力，让自己变得更加强大。

无法改变环境，那就改变自己吧！

达尔文说："在生物体生存的竞争中，对生存有利的变异个体被保留，反之则被淘汰。"从动物到人类，适者生存是普遍的规律。

在美国加州的岛上，曾经有一种身体壮硕的鸟叫美洲鹰，它两翼自然展开时能达到 3 米，体重能达到 20 千克。由于过度捕猎，美洲鹰慢慢在岛上绝迹。当人们认为美洲鹰已经完全从这个世界消失的时候，一名专门研究美洲鹰的美国科学家阿・史蒂文，却在南美安第斯山脉的一个岩洞里再次发现了美洲鹰。

让人感到不可思议的是，洞中到处是奇形怪状的岩石，岩石与岩石之间最大的距离也只有 0.5 英尺；最狭窄的地方，两块岩石几乎紧贴在一起，有的岩石薄得像刀片，有的岩石尖得像钉子。这种地方恐怕连麻雀都很难栖身，可是习惯了在海上飞行的美洲鹰却能够在这里生活。美洲鹰究竟是以什么样的方式在这里存活下来的呢？经过观察，阿・史蒂文发现美洲鹰的身体长满了茧，在穿过缝隙的一刹那，翅膀紧紧地贴在肚子上，双脚直直伸到尾部，与伸直的脖子和头保持在一条直线上，巨大的布满老茧的躯体在瞬间变得又柔又软，进而轻松做到人们难以想象的事情，而且那些大小不一的茧在穿越岩石时成了能够与岩石对抗的利器。

为了躲避人类的追捕，美洲鹰来到这里的岩洞，为了适应环境，为了让自己庞大的身躯能穿过岩石之间狭小的缝隙，在一次次受伤中调整自己、改变自己，终于让自己的身上有了可以抵御岩石摩擦导致伤害的武器——老茧，让自己庞大的身躯柔软到可以瞬间成为一条直线。美洲鹰无法改变岩洞的狭小，但是它却通过改变自己，进而获得了新生。

再举一个生物界典型的适者生存的实例，欧洲工业区桦尺蛾“黑化”的现象。正常的桦尺蛾的体色是灰白的，它在夜晚活动，白天栖息在树干上，其体色与树干上的地衣颜色十分相似，不易被它的天敌鸟类发现。

19世纪，英国通过之前的圈地运动将工业化进程加快。工业革命完成，以蒸汽机为原动力的工业造成严重污染，大烟囱排出的大量煤烟，让树干上浅灰色的地衣逐渐消失，树干变为黑色。对灰白色的桦尺蛾原本具有保护作用的地衣消失，从而改变了它的栖息环境，让它极易被天敌发现，反而那些原来容易被发现的黑色品种却得到了掩护。在自然选择的作用下，黑色桦尺蛾更适合被工业黑化的环境，于是逐渐代替了灰白色的桦尺蛾。从1850年人们发现了第一只黑色桦尺蛾到19世纪末，黑色桦尺蛾已经占种群的95%以上，而浅灰色类型从原来的99%降到5%，而且还在逐渐减少。

适者生存既是自然规律，也是社会规律，所以这个法则也同样适合于人类，只有适应了环境才能更好地生存，而不能寄希望于环境来眷顾你。

人和其他动物的区别就在于，除了对自然环境有先天的适应能力外，人类还能在不断的探索中适应新的变化，并能够接受能力方面的培养，这也是人类教育中重要的组成部分。

要想生存就必须学会适应周围的环境，不能逃避，不能坐以待毙，要积极地面对。因为要想优化“客观环境”对人产生的影响，必须先优化自己的“主观环境”，战胜自己的弱点和缺点。

一个人最终取得成就的大小，和他对周围生存环境的适应能力有很大关系，如果你改变了环境，就会成就自己，反之，如果你被环境影响，就只能成为环境的牺牲品。尤其是当我们不幸置身于不如意的环境中时，对环境的掌控更加重要，不能一味地埋怨，找借口逃避，而是要主动乐观地创造条件改变不利的环境因素。如果真是没有更好的条件改变环境，那么就学会积极适应周围环境，融入周围环境，直至享受周围的环境。

你知道在鞋子没有出现时人们是怎么生活的吗？当然是每天忍受着脚被扎被磨的痛苦赤着脚走路。传说有一个王国，有位大臣为了取悦国王，在国王的必经之路和所有的房间都铺上了牛皮。国王走在牛皮地毯上，感觉双脚舒服多了，龙心甚悦。于是突发奇想，如果将全国的路都铺上牛皮，那么在以后出行时脚就不会受罪了。可众大臣听了国王的话却傻眼了，因为要找到那么多牛皮根本是不可能的事情，即便杀尽国内所有的牛，也凑不到足够的牛皮来铺路，而且在这个过程中所需要花费的人力、物力、财力更是不可计算。即便知道国王的要求不合理，可是大臣们不敢公然违抗国王的命令，希望有人能够想到两全其美的办法让国王改变主意。

终于，其中一个聪明的大臣想到了好办法，他向国王建议说："大王可以试着用牛皮将脚包起来，再用一条绳子捆紧，这样一来，大王的脚就不会忍受痛苦了，而且想去哪里就去哪里，不用担心道路的问题。"国王听了后觉得有理，于是马上着手试验，结果发现效果不错，便收回命令，鞋子就这样诞生了。

即使是坐拥天下的国王也没有办法按照意愿将全国各地的路都铺上牛皮，而用牛皮把脚包起来却连普通人也能够做到。适应环境与自我调节，实际上是很多人要面对的一个人生课题。每一个在社会上的人，都不可能完全按照自己的意愿去做事，让环境适应自己。所以，当我们身处的环境不符合我们对环境的要求，而我们又没有条件改变时，最好的办法，就是进行自我调节，然后去适应环境，习惯外界的环境条件。

在这个世界上，每个人所处的环境和遭遇是不同的，不管怎样，只要我们想更好地生存，都必须成为生活的适者。人的适应能力和自我调节能力对人生很重要。在任何年代，适者都是一个在生存选择、计划、行动时，不因循守旧而善于随机应变的人！

障碍也能成为人生的风景

人生路上的障碍，在不屈的人面前会化成一份礼物，这份珍贵的礼物会成为滋润生命的甘泉，让你在面对阻碍时不会轻易被击倒！只要你想，障碍就可能变成一架通往梦想的梯子，只要你肯攀登，就有成功的机会。所以，与其像鸵鸟一样把头埋在沙子里欺骗自己，不如坦然地昂起头来面对它们，认真地去应对，这样才能真正减轻我们心理上的压力，让我们生活得更加轻松、快乐。

1933 年，克里斯蒂·布朗来到这个世界，但是他的降临并没有给家人带来欢乐，因为他患有先天大脑瘫痪，脑部控制肌肉的神经受损，致使他无法和正常人一样用肢体或语言来表达自己的情感。他很聪明，思维活跃，可是却没有办法让家人知道他的想法。虽然父母努力带他求医，可是没有一点效果，所以只能认命地放弃，认定他将在痛苦中度过一生。

一天，躺在床上的布朗看到妹妹扔在旁边的彩笔，用左脚夹起来在墙上乱画，他正画得起劲，妈妈进来了，看到这一幕又惊又喜，不禁轻呼："我的上帝，你的左脚还能活动。"

母亲坚信，只要他的左脚能够活动，他就能做很多事情，于是开始教他写字。布朗学得很认真，第一天就能用脚写出 3 个英文字母。很快，他就能顺利地将 26 个英文字母按顺序写下来。这令全家人异常高兴。

母亲看到布朗的潜质，开始教他读书，不仅为他买了儿童读物，还买了世界名著。布朗每天都沉浸在书的海洋里，如饥似渴地阅读，不浪费一点时间，随着时间的推移，他竟然慢慢地能说话了，他告诉妈妈，他想做读书笔记，还想将自己的想法写下来，母亲听后面露难色，只有左脚能活动，怎么写啊？可是布朗却满怀信心地说："没有关系啊，只要给我一台打字机，我可以用脚趾打字。而且我要成为全世界第一个用脚趾打字的人！"

妈妈满足了他的要求，买来了一台旧打字机。布朗半躺在椅子上，将打字机放在脚下，用左脚按动键钮。他像饥渴的旅人遇到水和食物一样，将所有精力都用在了练习打字上，实在累了，就用左脚趾夹着笔画画。

刚开始的时候，他掌握不好打字的力度，要么打出的字模糊不清，要么纸被打烂。但是，这在他看来没什么，更加努力地练习，左脚趾磨出了厚厚的茧子。不畏艰难而坚持不懈的人，总是会有收获的，布朗的努力终于有了成果，他不仅能打出清晰的字，还能熟练地给打字机上纸、退纸，甚至还能用左脚整理文稿。

能够熟练打字之后，布朗开始了他的写作生涯。母亲觉得他太辛苦了，他对母亲说："妈妈，我已经失去了太多，如果连自己的梦想都不能坚持，我还剩下什么？我要证明给所有人看，虽然我身有残疾，但是我不会成为家人的包袱，不做多余的人。"

布朗将自己的所有过往都认真地回忆了一遍，决定将它们写下来，以此来勉励那些和他一样的人，告诉他们要坚强地面对生活，不屈服于命运。两个月之后，他完成了自传体小说的第一章。母亲是他的第一个读者，并被他的文字打动，紧紧把他搂在怀里，激动地说："孩子，你是妈妈的骄傲，你一定会成功的。"

在母亲的陪伴下，布朗克服了很多常人难以想象的困难，在21岁那年，终于完成了他的第一部小说《我的左脚》。在小说里，他告诉人们：我的左脚支撑起我的整个生命，我的左脚在创造着不屈不挠的生活。之后，他的小说被改编成同名电影，轰动一时，荣获很多奖项。

之后，布朗并没有停止写作，16 年后，他的第二部小说《生不逢时》问世。这部小说感情真挚、道理深刻、情节动人、语言优美，一出版便震动了国内外文坛，被翻译成了 20 多种文字。15 年后，在妻子的照顾和帮助下，布朗又先后出版了三部小说和三部诗集，成了享誉世界的文学巨匠。而且他在绘画方面也颇有成就，成为爱尔兰人民的骄傲。他去世的时候，爱尔兰举行了哀悼活动。爱尔兰总统说："布朗走了，但是他留给爱尔兰和世界人民的宝贵财富永远不会消失，将永远激励着我们。"

布朗用唯一能活动的肢体——左脚，写出人生的辉煌。健全的我们却被一点障碍吓倒，不觉得惭愧吗？当生命被苦难推向极致时，往往能使人展现出一种从容和坦然之美。喜迎阴晴圆缺，笑对风霜雨雪，这样的人生才有意义，这才是我们应该具有的生活态度。

有一个坐落在山脚下的小村庄，盛夏时，一场暴雨导致山洪暴发，一块巨大无比的石头从山顶滚落下来，堵在了村子的街口。人们觉得它挡住了行人进出村子的路，想把它挪走，可是那块石头太大了，即使全村的人合力也撼动不了分毫。

一天，一位云游四海的高僧来到这里，村民觉得看到了希望，高僧云游四海应该见过很多稀奇古怪的事情，移走巨石对他来讲应该不成问题。于是，人们向他请教移石之法。高僧看着巨石摇头不语，见高僧也没有办法，人们只好失望地离开了。第二天早上，人们惊奇地发现，巨石上出现了两行刚劲有力的字，横着的那行是"镇街之宝"；竖着的那行是"何处有障碍"，笔力雄劲、气势非凡的字和巨大的石头配在一起浑然一体，令人赏心悦目。

渐渐地，没有人再讨厌这块巨石，也没有人再想把它移开，村民们还在巨石的周围修建了护栏，种植了花草，巨石俨然成了村头的一景。很多年过去了，巨石依然屹立在街口，后来，这个村子也因此改名为“巨石村”。

当我们在前行的路上遇到障碍时，与其费尽心机地想要除掉它们，不如豁达、乐观一些，也许这些障碍反而会成为我们人生中的风景，让我们的人生境界变得更加丰富、美好！

当然，如果障碍是放在一个甘愿平庸的人身上，那么这种不完美就可能会成为他偷懒、不思进取的借口。所以说，人生的成功重要的不只是用你所拥有的东西去衡量，而是如何从你的损失中获利。当然，要做到这点，就必须摒弃自卑，努力克服自己的不足，发挥自己的潜能，不懈地努力。

这世界没有绝对的公平

比尔·盖茨说："社会是不公平的，我们要试着接受它。"有一句小品里的台词非常经典："流自己的汗，吃自己的饭；干自己的事，下自己的蛋，让别人羡慕去吧。"其实，人的一生实际上就是不断产生欲望和满足欲望的过程。没有绝对的公平与不公平，关键在于你的心态。一分耕耘一分收获，天下没有免费的午餐，有所失才也会有所得。

2006年，排胡润百富榜第一位的张茵，在一夜之间红遍了大江南北。与那些依靠高新技术上榜的富豪不同，张茵从事的是废纸回收的环保行业。

张茵幼时家境清贫。1982年大学毕业后，她到一家工厂做会计，之后又到一家贸易公司做包装纸业务。1985年，张茵辗转到了香港，在一家中外合资贸易公司担任会计。可是，这家公司在一年之后倒闭了。

当时摆在张茵面前有两条路：回广东或者留在香港创业。好强的她最终决定留下来创业。

创业之初，资金匮乏、资源困乏，无奈之下，张茵只能从低端做起——做废纸回收的生意。张茵从一开始就坚持品质第一的理念，对香港过去往纸浆里面掺水的做法很不耻。

但她的做法触犯了同行业者的利益，被认为是违反了"行规"，甚至因此接到恐吓电话。陷入困境的张茵，第一次感到了不公平。

好强的张茵在挫折面前越战越勇，经过几年的发展，她已经摆脱了早期创业的艰难局面。由于有了资金和资源的积累，早前生活给她的困境和不公平待遇已被甩在了身后。

随着公司的发展，香港的废纸回收已经不能满足业务的需求。1990年，张茵把目光放在了大洋彼岸的美国。她在移居美国后，创办了美国中南有限公司（AmericaChungNam）。

1996年，中国的高档包装纸出现了供不应求的局面，尤其是高级牛卡纸，几乎全部需要从美国进口。敏锐的张茵知道这是一个难得的机遇，决定在东莞建立东莞玖龙纸业有限公司，生产高档牛卡纸。

东莞玖龙纸业有限公司于1996年12月投资11亿美元开始了一期工程的建设；1999年7月，继续被注资11亿美元，进行二期工程扩建；2006年，张茵继续注资1亿美元，进行三期工程扩建。其生产规模超过100万吨，成为世界上屈指可数的巨型包装用纸生产企业之一。

"事业越做越大，道路才会越走越宽。"此时的生活对张茵来说变得慢慢公平起来。由此可见，只有靠自己努力争取才能获得公平。

在现实生活中，有的人利用自己占有的社会资源，迅速过上了令人称羡的生活。那些没有任何资源的人，一定要认清生活中存在的不公平，把自己的劣势变成努力奋斗的动力，发挥自己的长处，寻找机会，坚持不懈地向自己的目标挺进，就可以有更多的机会扭转你所认为的不公平。

承认生活并不公平这一事实，是为了让它激励我们不再自我感伤，去尽己所能地改变现状。让每件事情都完美并不是生活的使命，而是我们对生活的挑战。

承认生活并不公平这一事实，并不意味着我们就会安于现状，满心怨言，恰恰相反，它正表明我们应该努力做好分内的工作，争取更大的成功来改善目前的窘境；承认生活是不公平的客观事实，并接受这个不可避免的现实，以平常心、进取心对待生活，少些牢骚抱怨，不公平就不会影响我们的生活。

世界没有绝对的公平，这是无法改变的现实。但是许多人都会犯这样的错误：为自己、为他人所受到的不公平感到遗憾，认为生活应该是公平的，或者认为终有一天会是公平的，于是抱怨、叹息、等待……一味地沉浸在探究生活的公平与不公平中，只会让我们虚度光阴，最后陷入困境。只有正视这种现实，努力生活和工作，才会真正找到属于自己的那份公平。

20 世纪 90 年代，中国工人的铁饭碗被打破，越来越多的人下岗。有的人下岗后一蹶不振，靠着微薄的补助生活，哀叹自身命运的同时觉得自己受到了不公平待遇。但是也有很多人，下岗之后自谋出路，经过努力成就了一番事业。李春花夫妇就属于后者，虽然他们也经历过彷徨、失败和愤懑，但他们的努力使其重新开启了新的生活，最终获得了圆满的成功。

李春花与丈夫辜强都是重庆市仁寿县城关镇人。夫妻俩曾在同一家工厂上班，因企业不景气，1992 年他们双双下岗。第二年 3 月，李春花夫妇来到了成都，决定在双流机场附近的双流县城卖稀饭。他们在双流县城棠中路找到了一个只有 6 平方米的门面，花 3000 元租了下来，前后总共投入了 15 万元，稀饭店总算是开张了。

但是才开张 3 个月，就亏了 3000 多元。两人虽起早贪黑地忙活，却始终没有成效。李春花开始意识到必须要变，不变只有死路一条。

可是怎么改变呢？晚上收工后，夫妻俩躺在几条板凳拼起来的床上琢磨。李春花说：“早上喝稀饭是中国人的传统，那么改在中午或者晚上喝稀饭行不行呢？”丈夫辜强也觉得这个想法不错。思路有了，两个人又讨论了一些细节。最后夫妻两个决定：推出营养可口的“荤稀饭”，创稀饭式正餐。

第二天，他们开始分头行动：丈夫辜强负责搞“研究”——熬制各种口味的稀饭；李春花继续研究“战略”。为了创建属于自己的稀饭品牌，她给自己的稀饭取了一个通俗易记的名字——李姐稀饭大王。

夫妻俩各司其职，配合默契。辜强在几个月内便研究出了几十种荤稀饭；同时，负责外联的李春花在双流电视台做了一系列广告。许多人听说后纷纷来“李姐稀饭大王”尝鲜，客人们吃完后都赞不绝口，没想到稀饭还能做出这么多花样来。很快，“稀饭大王”就拥有了固定的消费群体，并且不断壮大。

2011 年，夫妻俩再接再厉又开了几家分店。李春花还注册了“李姐稀饭大王”的商标。现在很多人都知道，在四川双流县，有一家名叫“李姐稀饭大王”的著名饭馆。

如果你拥有了让生活变得公平的资本，你的生活就会发生改变。要获得资本就要付出汗水，要做到“人无我有，人有我精”。做到了这一点，你就掌握了生活的主动权，生活就会呈现出公平的一面。

在现实生活中，很多事情是无法逃避的，也无法选择，只能接受既定存在的事实，并积极地进行自我调整。抗拒不但可能毁了自己的生活，还可能使自己精神崩溃。因此，在我们没有能力去改变不公和不幸的时候，就要学会接受它、适应它，奋发图强，努力改变自己，把不公平的现状甩在身后。

即使不顺心，也别倒下

人的一生就是跟挫折斗争的过程，一个身处逆境却依旧能含笑面对的人，要比一旦陷入困境就立刻崩溃的人受益更多。身处逆境而乐观自信的人，才有成功的希望；遭遇挫折而勇往直前的人，才具有获得成功的潜质。自古以来，伟人大多是抱着不屈不挠的精神，从逆境中挣扎奋斗过来的。

所以太过平坦和畅通的道路对我们的成长不一定是好事。有时候，我们需要危机来激发我们的潜能，唤醒我们内心深处掩藏已久的人生激情，来实现人生的最大价值。人的平庸，多数不是因为自身能力不够，而是因为安于现状、不思进取，没有激发自己的潜能，在平淡机械的生活中埋没了自己。不要总羡慕别人头上的光环，其实你也有能力为自己加冕！

日本水泥大王、浅野水泥公司的创建者浅野总一郎，23 岁时还一事无成，为了改变现状他穿着破旧不整的衣服，失魂落魄地从故乡徒步来到东京。因身无分文，又找不到工作，有一段时期，他每天都陷于半饥饿状态。

当看到路上行色匆匆的旅人时，他突然灵机一动，也许我兜售水给行人可以改变现在窘迫的现状。于是，他用捡来的工具，在路旁摆起了卖水的摊子，一杯水一分钱，第一天就卖了 6 角 7 分，他终于不用再挨饿了。

成名后的他说：“人生所遇到的危机就是一个绝好的机会，也就是说，人在困厄时，他的想法就会改变，反而给予他一个转机，使他涌上来巨大的勇气，使他更加聪明，更能勇往直前。因此对人生的困厄不必恐慌，应该感谢才对。”

在人生的道路上，谁都会遇到困难和挫折，它们是人生的一种体验，是锻炼意志、增加能力的机会，关键是看你能不能战胜它。战胜了，你就是生活的强者。当然失败了，也不能意志消沉，一蹶不振。

不管你目前的生活状况多么糟糕，不管你的薪水低得多么难于启齿，不管创业之路遭到多少冷遇，也不要怀疑你的信念，做一个不被困难打倒的人。有了它的指引，你才能在矛盾中摆正心态，在失落中重新定位，才能“百尺竿头，更进一步”。

翻开人类历史的书卷，我们就会发现，那些成就卓越的人，在追求梦想的过程中都曾表现出顽强的毅力。

一位穷困潦倒的美国年轻人，全部的家当也不够他买一套像样的西装，甚至有时候不得不饿肚子，但是他仍然坚持自己的梦想：做演员、拍电影、当明星。而且他坚信梦想只要能持久，就能成为现实。

当时，最大的影视基地好莱坞光电影公司就有 500 家，他把所有电影公司的地址都记录下来，带着为自己量身打造的电影剧本前去挨家拜访。但是几天下来，却没有一家公司愿意用他，但是他并没有因此而灰心，从最后一个公司走出来后，开始了第二轮的拜访。当然，结果还是一样，500 家电影公司无一愿意聘用他。于是他开始了第三轮拜访，结果是仍遭拒绝。

年轻人开始反思，重新修订了剧本，之后开始了第四轮拜访，这次终于有人肯买他的剧本了，但是条件是不能让他出演，虽然当时的年轻人身上只有 40 美元了，但是他毅然决然地拒绝了。第 1886 次，一家电影公司愿意让他把剧本留下来看一看。几天后，他接到了这家公司的通知，约他去详细商谈。最终，这家电影公司决定投资开拍这部电影，并请这位年轻人担任剧中的男主角。电影拍完后，一上映就受到观众的好评，一时红遍了全球。

这位年轻人就是现在家喻户晓的好莱坞明星西尔维斯特 · 史泰龙。那个剧本，就是后来无人不知的《洛奇》。

贝多芬说："卓越的人一大优点是：在不利与艰难的遭遇里百折不挠。"将挫折当作生活对我们的考验，不抱怨，不愤怒，不烦恼，不后退，充分将自身的潜能激发出来，一心向着目标奋进，争取到成功的机会，就一定会让自己变得更强大。每一种挫折或不利地突变，都带着同样或较大的有利的种子。如果面对挫折，我们灰心丧气、失去斗志、失去自信及自尊，就会失去做强者的机会和资格。

挫折和苦难能击垮人，让人意志消沉，一生碌碌无为，也可以锻炼人的意志，激发人的潜在斗志，正如一位美国作家所说："人生不幸之事犹如一把刀，它既可以为我们所用，也可以把我们割伤。"究竟选择哪一种，由你对生活的态度决定，如果用积极的态度对待不幸，就是"握住了刀柄"，自然会理智地、认真分析原因，勇敢地经受考验，将不幸带来的一切都转换为行动的动力，去争取更大的成功。反之，如果你选择用消极的态度对待不幸，也就等于"抓住了刀刃"，只能畏惧挫折，灰心丧气，最终一事无成。

也许每个人所走的路不一定跟自己所想的一样，会遇到难以预知的困难，那时候，该怎么办呢？答案是，永远不认输，做一个打不倒的人。所以当你不为输而痛苦，就会拥有真正想要的人生。大器可以晚成，成功不分先后，虽然我们没有办法把握结果，但是我们可以控制过程，可以控制对待结果的态度，只有明确了这一点，才可以稳妥地把握自己的人生。

就让过去的过去吧

很多人都舍不得过去，总是喜欢回忆过去的辉煌，喜欢把过去的辉煌挂在嘴边，喜欢说："想当年，我怎样怎样……"尽管知道一切不可能，人们还是不愿意去面对，迷失在过去中，"沉醉不知归路"。著名心理学家马斯洛曾说："心若改变，你的态度就跟着改变；态度改变，你的习惯就跟着改变；习惯改变，你的性格就跟着改变；性格改变，你的人生就跟着改变。"

战国时期，因为齐威王违背了盟约，魏惠王想要发兵攻打齐国。身为国相的惠施为了劝魏王息兵，请来了国都的贤士戴晋人做说客。戴晋人见了魏惠王问道："关于蜗牛，君王知道吗？"魏惠王说："知道。"戴晋人说："蜗牛长着两只触角。左面的触角上有一个国家，称为触氏；右面的触角上有一个国家，称为蛮氏。为了争夺领地，两国开战，伏尸数万，胜者追了15天，才收兵回营。"魏惠王不以为然地笑道："这不都是虚假之言吗？"戴晋人说："不是虚假之言，不信的话，我来为您论证一下。以君王看来，四方上下有穷尽吗？"魏惠王说："没有穷尽。"戴晋人又问："人的心巡游过无穷无尽的宇宙之后，返回到人世，可不可以说人世渺小到了似有似无？"魏惠王说："对。"戴晋人紧跟着又问："人世既然渺小到了可有可无的地步，而魏国只是人世间的一个很小的地方，国都又是魏国之中很小的一块地方，君王又是国都中很小的一个形体，那么，相对于无穷无尽的宇宙而言，跟蜗牛右触角上蛮氏国的国王又有什么分别呢？"魏惠王说："没有什么分别。"于是，魏惠王放弃了发兵齐国的打算。

昨日的种种，就像是小小的蜗牛触角，在人生的长河中，实在是微不足道。在我们成长的途中，我们的心灵经历了从幼稚、肤浅、脆弱到成熟、深刻、坚强的洗礼！凤凰涅槃，浴火重生！经历了痛苦与磨炼的心灵，更能爆发出无尽的力量！而曾经的那些痛楚与泪水，都成为美好且弥足珍贵的回忆，沉淀在记忆深处，给人力量！

在顺境中乘势而进，在逆境中心存喜乐，认真地活在当下，这才是人生的务实智慧。理解了这一点，你闭塞的心灵就会打开，迁窄的事业就会豁然开朗。

罗兹曾说："生活的最大成就，就是不断地改变自己，以使自己悟出生活之道。"环境时时在变，倘若墨守成规、固执己见，迟早会被生活的洪流吞没；唯有改变，才能紧跟时代，获得发展的机会。换句话说，唯有不断改变自己，生活才有出路。

有位禅师曾说过："人生只有 3 天：昨天、今天和明天。活在昨天的人迷惑，活在明天的人等待，活在今天的人踏实。"在时间的长河里，昨天已经过去，明天还没有来到，只有今天属于自己，属于已经兑现了的"现在"。如果我们将"今天"用来为"昨天"的不幸悲哀，那么明天的我们只能为"今天"的虚度光阴而悔恨。谁都会犯错，既然事情已经发生了，即使再怎样哀叹也于事无补。唯一能做的就是忘记，从头再来，迎接新的挑战和人生。

假若你将精力都耗在对过去的回忆上，却对"当下"的一切视若无睹，你永远也得不到快乐。一位文人说过："当你刻意去找快乐时，你往往找不到，但如果你让自己活在现在，并全神贯注于眼前的事物，快乐便会不请自来。"所以放开过去，活在当下。这是走向成功的一条捷径，只有在这种环境中，人才会超越自身的束缚，释放出最大的能量。

没有你的同意，谁都无法使你自卑

美国前总统罗斯福的夫人艾莉诺·罗斯福说过："没有你的同意，谁都无法使你自卑。"自信是一个循环。如果你表现出足够的自信，别人就会认同你的自信，你就会因此而越来越自信。

自信要通过自我表现才能不断加强。只有将自己的能力、自己的见解充分展示出来，才能真正看到自己对他人的影响力，才能从这种影响力中获取足够的自信。

在一次世界优秀指挥家大赛的决赛中，小泽征尔按照评委会给的乐谱指挥演奏，但是敏锐的他发现了不和谐的声音。起初，他以为是乐队演奏出了错误，就停下来重新开始，但还是不对。于是他觉得问题出在乐谱上。这时，在场的作曲家和评委会的权威人士坚持说乐谱绝对没有问题，是他错了。面对一大批音乐大师和权威人士，他思考再三，最后斩钉截铁地大声说："不！一定是乐谱错了！"话音刚落，评委席上的评委们立即站起来，报以热烈的掌声，祝贺他大赛夺魁。原来，这是评委们精心设计的"圈套"，以此来检验指挥家在发现乐谱错误并遭到权威人士"否定"的情况下，能否坚持自己的正确主张。前两位参加决赛的指挥家虽然也发现了错误，但终因随声附和权威们的意见而被淘汰。小泽征尔却因充满自信敢于否定权威而摘取了世界指挥家大赛的桂冠。

有道是："人必先自信而后人信。"意思是说，一个对自己都没有信心的人是不可能取得别人的信任的。古今中外的许多名人的成功都源于他们的自信。美国著名作家爱默生曾经说过："自信是成功的秘诀。"苏联伟大文学家高尔基也曾经说过："只有满怀自信的人，才能在任何地方都怀有自信地沉浸在生活中，并实现自己的意志。"

每个人在成长的过程中都渴望得到别人的认同，而很多人之所以失败是因为当前景不被看好的时候，当付出很多艰辛的努力、经历诸多的困难和挫折的时候，开始变得沮丧，变得自卑，从而放弃了原本的努力和追求。而且人们总是习惯于以他人为镜来认识自己，评估自己，给自己定位，换句话说，人们总是根据他人对自己的评价和自己与他人的比较来评估自己的综合能力。如果周边的人对自己评价不高，对自己的能力和相处之道不认同，特别是这个给予评价的人具有一定的影响力，那么更容易影响自己对自己的认识，甚至会毫无疑问地质疑和低估自己的能力。

其实，每个人内心或多或少都会有自卑感，无关年龄和地位。因为生活毕竟不会十全十美，也许你有可与潘安媲美的容貌却囊中羞涩，也许你腰缠万贯却才疏学浅，也许你博学多才却容貌一般，甚至丑陋，所以总有不完美，总会有那么一点让你自卑。其实自卑并不可怕，可怕的是你没有办法克服这种情绪，从而丧失了不断前进的勇气，让自卑如同乌云，在心中愈积愈厚，最终挡住了希望和快乐的阳光。

有些人或许会认为，我自卑是因为默默无闻，一事无成。其实，那些被我们奉为精神支柱的成功人士也曾自卑过。

他出生在内蒙古自治区呼伦贝尔市海拉尔区，相对于北京这等大城市而言，那里太过偏僻和落后，所以当他考入传媒大学的第一天，邻桌的女同学问他"你从哪里来"后，他低头没有说话，因为在他的潜意识里，出生在小地方就意味着小家子气，没有见过大世面，会被同学嘲笑。

就因为这位女同学的问话，让他整个学期都没有勇气和同学们好好交流，以至于一个学期以后很多同学都不认识他。这种自卑心理在很长一段时间都占据着他的心灵，最明显的表现就是，每张和同学的合影上他都戴着一副墨镜。

她是地地道道的北京人，就读于首都师范大学，但是生长在天子脚下的她并没有因为成长环境的优越而快乐地度过童年，因为太胖，她大部分日子都是在自卑中度过的。她不敢穿漂亮的裙子，不敢上体育课，不敢肆意地挥洒青春的汗水，因为她害怕同学在暗地里嘲笑她，嫌她肥胖的样子太难看。

而且她还因为体育积分不够，差点没能从大学毕业。她不敢参加长跑测试，虽然老师一再保证，只要她肯上跑道，坚持到终点就会及格。可是她死活不肯，她害怕，她怕自己因为体重而显得笨拙的跑步姿势遭到同学们的嘲笑。可是她没有勇气向老师解释，茫然不知所措的她，只能傻乎乎地跟在老师后面，亦步亦趋，老师终于没有了耐心，为了摆脱她的纠缠勉强算她及格。

在一个电视晚会上，她对他说："要是那时候我们是同学，可能是永远都不会说话的两个人。你会认为，人家是北京城里的姑娘，怎么会瞧得起我呢？而我则会想，人家长得那么帅，怎么会瞧得上我呢？"

他，现在是中央电视台著名主持人，中央电视台新闻评论员，对着全国几亿电视观众侃侃而谈，他主持的《新闻周刊》《感动中国》《新闻 1+1》等节目很受观众喜爱，2000 年，他被授予"中国十大杰出青年"。在节目中，他总是爱皱着眉头，表情凝重，语言犀利，能够像专家一样为你评论时事，将自己的希望与思索贯穿节目始终，让节目深刻而不呆板，活泼而不媚俗，主持风格自成一派。他的名字叫白岩松。

她，现在也是中央电视台著名节目主持人，通过《半边天》《夜线》而家喻户晓，而且是完全依靠才气而丝毫没有凭借外貌走上中央电视台主持人岗位的，荣获2006年度“优秀播音员主持人”。她的名字叫张越。

被光环笼罩的他们，当年也曾自卑过，但是他们最终脱颖而出，成了千万人追捧的对象，最终成就了今天的辉煌人生。他们之所以能够成功，是因为他们与大多自卑的人不同，他们没有被自卑打败，而是战胜了自卑。

虽然，很多人也会常常感觉自己很多方面不如别人，因此没有自信，甚至渐渐产生自卑心理。但是并非所有人都能像白岩松、张越一样最终将这种精神的枷锁去掉，展现自我。

自卑能够让人的意志变得薄弱，丧失面对生活的勇气，于是面对困境时会更加力不从心，甚至想不战而降，这种恶性循环的结果让人的内心变得更加脆弱，让我们变得更加自卑，让成功与我们渐行渐远，幸福快乐也变得遥不可及。

其实要摆脱自卑并不难，只要能够全面地看待别人和自己，发现自己的优势，并取长补短，就会发现，原来自己并非一无是处，即使碰到自己不擅长的领域，也不要气馁，尽心钻研，自信就会慢慢回来。或者不要太在意别人的看法和想法，对于他人提出的意见或者建议，虚心接受的同时，吸取精华去其糟粕。

贝多芬的一生几经磨难，但他没有被压垮，不自叹自卑，为世人创造了很多精神的盛宴。他5岁的时候得过中耳炎，但是当时并没有人注意，自然也就没有得到好的治疗，这为他以后丧失听力埋下了祸根。26岁时，他的听力开始减退，并遭受耳鸣日夜作响的痛苦折磨。对于一个音乐家来说，耳朵有多重要不言而喻，但是他没有退缩，靠听筒听乐队的声音，创作了第二交响曲。之后又接连创作了《英雄交响曲》《月光交响曲》和《第五交响曲》等。1819年，他的听力完全丧失，但是依然坚持音乐创作，完成了《庄严弥撒》《第九交响曲》。

丧失听力对普通人来讲已经很不幸了，更何况是一个才华横溢正值创作高峰期的音乐家，这简直就等于扼杀他的生命。然而面对不幸，贝多芬选择了直面，将自己对命运的理解全部谱写成音符，创作了震撼人心的传世佳作《命运》，历代流传。

贝多芬的经历告诉我们，人的一生难免会遇到各种困难，身残志坚，勇敢地站起来，不气馁，不自卑，不自哀自怜，想尽办法克服困难，而不是被困难打败。多多学习优秀者的经验，在摔倒后不断地爬起来，踏过挫折继续前进，就能到达理想的彼岸。

不完美，没关系，别人看不起自己，没关系，有自卑心理，没关系，只要自己能够勇敢地直面自己，努力奋斗，缺点可以改掉，别人对我们的看法也会改变，这些问题都将统统被解决。拿破仑个不高，却成为雄霸欧洲的一代帝王，没人敢小看他；罗斯福腿有残疾，依然在二战中扭转乾坤，为盟军的胜利立下了赫赫功勋。不要再让自卑蒙蔽自己的心灵，勇敢地迈出前进的脚步，让自信的笑容浮现脸庞，你的成功也终将到来。

古希腊著名的哲学家塞涅卡曾经说过："不是因为这些事情难以做到，我们才失去信心，是因为我们缺乏自信心才使这些事情难以做到。"

1968 年，美国博士罗伯·舒乐大胆发表宣言："我要为美国加州建造第一座水晶教堂。"他的同僚被他的疯狂想法和言论震惊了，但他却自信地说："无论需要多长时间、多少金钱，只要我去做，没有做不成的。"经过多年的努力，罗伯·舒乐终于在 1980 年在加州建立了一座水晶教堂。

人生就是这样，在挑战面前，首先要肯定自己，肯定就是力量，就是对自己充满信心；自信可以促使人自强不息，迎难而上，可以发掘深藏于内心的自我潜能。面对未来的人生路，我们一定要时刻牢记：自信才能赢得肯定和尊重，自信才能获得成功和荣誉。

真正的强者从不抱怨

以积极的态度对待生活，能让事情变得事半功倍，让自己的人生更加成功。真正的强者从不抱怨生活，命运如何待他，他便随遇而安。命运把他扔向天空，他就做鹰；把他置身山林，他就做虎；把他放到草原，他就做狼。

很多人都认为自己已经心智成熟，懂得如何平衡付出和收获的关系，不会再做得不偿失的无用功了。但是，你却会因为自满而关上通向成功的那扇大门，错失了原本可以进步和前行的机会。

有一棵生长在果园里的梨树，它努力伸展着枝条，拼命地生长，想要沐浴更多的阳光，结出更多的果子，为了吸取更多的养料，努力把根扎得更深，然而，尽管如此，在第一年，它只收获了 10 个梨子，还被别人拿走了 9 个，自己只剩下 1 个。

梨树对此表示非常的愤怒，明明自己孕育的果实，却被别人带走了那么多，这个世界上总有人不劳而获。梨树开始拒绝成长，到第二年的时候，它只结了 5 个梨子。但是，依旧被拿走了 4 个，只留下了 1 个。梨树暗暗开始得意：去年我得到了 10%，今年就得到 20%，翻番了耶！

我们假设梨树继续努力地生长。它结了 100 个果子，被拿走 90 个，自己得到 10 个。也可能是被拿走了 99 个，自己得到 1 个。没有关系，我们还能继续生长；第三年可以结 1000 个果子……

短时间看似乎是梨树占了便宜，但按长久计算，等到梨树长大的时候，那些曾阻碍它收获的力量，或许都微乎其微，甚至可以忽略不计。可是这棵梨树却拒绝继续付出努力，变成了一棵普普通通的梨树。也许它并不觉得这样有什么不好，或许有一天，果农发现这棵不成材的梨树，会把它砍掉当柴火。

很多人都曾经是一棵渴望成长的梨树，然而，却在各自的成长过程中，遇到了各种各样的问题，渐渐地丢掉了曾经的雄心壮志，甚至开始埋怨生命的不公。

每一个初入社会的人，都曾意气风发，想要有一番轰轰烈烈的作为，然而，现实总会无情地打击你的自信心，拷问你的耐心和容忍度。你兢兢业业做了很多事情却没有回报，你才华横溢却没有发挥的空间……总之，你认为自己就是那棵梨树，果实都被别人抢走了。于是，你有了新的想法，决定要向你曾经鄙视的那些人一样，得过且过。你会用世俗的眼光，去斤斤计较你的付出和收获。几年之后，你却发现曾经的激情和才华再也找不回来了，你变成了一个平淡无奇的中年人。时间的长短，一年或者一天，对于你来讲没有任何的不同。

生命是一个不断成长的过程。如果你放弃了成长，无疑是放弃了生命的价值。牢骚、不满无法帮助你解决任何问题，你的成长会比你现在的收获要更具有价值。

你有权利选择停止成长或是继续成长。其实，生命总是充满着无限的可能，也许你今天承受的不公，他日会变成你的优势；你所承受的折磨，会让你拥有更完美、更多的处事智慧，这样的你，只会比别人多一种从容，多一份淡定。

雷伯克是美国的航海家，他曾经和他的同伴迷失在太平洋里。他们在食物、淡水奇缺的情况下，在救生筏上漂流了整整 21 天才被救。事后，有人问他经过了那段难熬的经历以后，他学到的最重要的是什么？他平静地回答说："我从那次经历中所学到的最重要的一课是，如果你有足够多的新鲜的淡水可以喝，有足够的食物可以吃，就绝不要再抱怨任何事情。"

在一场战争中，一个士兵的喉部被碎弹片击中，输了 7 次血。他写了一张纸给他的医生问道："我能活下去吗？"医生回答说："可以的。"接着他又写了一张纸条："我还能不能说话？"医生点点头说："可以的。"最后一张纸条上，他写道："那我还担心什么！"

很多时候，我们的那些遭遇、抱怨，和他们比起来真的是微不足道。在人生的道路上，实现远大的理想，或者达到奋斗目标，除了要付出辛勤的汗水，不懈地追求以及积极地进取外，还需要不抱怨，摒除一切干扰，集中精力。

在人生的道路上，除了要努力奋斗，还需要找准方向，只有找准了方向才能事半功倍；找错方向或者根本没有方向，无论多努力也只能事倍功半，甚至与成功失之交臂。所以，失意的时候不要总是抱怨感叹，而是应该回头看看自己走过的路，是不是自己的方向选择错了，如果错了要及时纠正。万不可盲目地抱怨，这样只会离成功越来越远。

困难面前，请昂起头

人生会有成功的喜悦，也会有失败的痛苦，会有波澜不惊的坦途，也会有布满荆棘的道路。困难与人生就像是一对连体兄弟，总是相伴相随。即使我们做了充分的准备，它还是会时不时地出现在工作、生活中。面对困难，我们该保持什么样的心态很重要。马克斯威尔·马尔兹曾说：“想象你面对困难时做出的反应，不是逃避或绕开它们，而是面对它们，同它们打交道，以一种进取的和明智的方式同它们战斗。”对于困难，最明智的选择就是直面，调整好心态，把困难当作一种机遇，保持清醒的头脑，迎难而上，敢于尝试，大胆地奋进，寻找冲出逆境、化险为夷的方法，忍受今天的苦楚，寄希望于明天的甘甜，才是有意义的人生。

明代散文家归有光曾讲过这样一句话：“天下之事，因循则无一事可为，奋然为之，亦未必难。”意思是说，天下的事情，如果循规蹈矩、畏首畏尾的话将一事无成，但要是努力了，勇敢地去做，事情未必那么难。所以无论任何事情，只要我们富有创造性地去开展我们的工作，去谋求发展，就没有战胜不了的困难。

俗话说得好：“世上无难事，只怕有心人。”困难可以锻炼人的意志，激发人自身的无穷潜力，锻炼人的气魄和胆识，而在与困难斗争时所经历的痛苦和伤害，会让你变得更成熟、更乐观，不再惧怕任何事情。

有一个穷苦农民家的男孩，既聪明又勤奋，在上学时成绩一直名列前茅，但是由于家境困难，他读到初中二年级就不得不辍学。尽管很不甘心，但是懂事的他还是将自己的渴望深深地埋在了心底，回家帮助父亲耕种家里仅有的 3 亩薄田。在他 19 岁那年，父亲去世，家庭的重担落在了刚刚成年的他身上。为了让家人过上富足的生活，他积极寻找赚钱的营生。

他曾经把一块处在洼地的水田挖成了池塘，想在里面养鱼，然而，乡里的干部告诉他，水田不能用来当鱼塘，只能种庄稼。于是，他只好将水塘填平，种上庄稼；他听说养鸡很赚钱，就向亲朋好友借来资金，养起了鸡。但是，让人没有想到的是，不久之后发生了鸡瘟，几天之内他养的鸡全部死光了。折腾了半天，不但没有缓解家里的经济压力，反而欠下了更多的债。母亲受不了这样的打击，郁郁而终。

经历了一次次的挫折和打击，他没有气馁，之后又尝试做其他事情，他酿过酒、捕过鱼、做过瓦工……但是这些都离他的梦想太远了。虽然他又尝试了很多种营生，但上天似乎也在跟他作对，往往计划得好好的，可是到头来会因各种情况不得不搁浅。就这样，直到而立之年，他依旧一事无成，孑然一身。试想，谁愿意把自己的女儿嫁给一个一事无成、做什么都亏本的倒霉汉呢？

命运所给予他的似乎全都是不幸，可是他依旧继续努力寻找赚钱的途径。后来，他四处借钱买了一辆拖拉机，帮顾客运货。可是，刚做了不到一个月，他就因为失误将拖拉机开进了一条河沟里。最后，车毁人伤，他因此失去了一条腿。看到这个一败涂地的男人，人们都说他这辈子算是完了。可是，他自己并不这么想，依旧想尽各种方法“折腾”。后来，他做起了生意，上天似乎也被感动了，他的生意渐渐地越做越大，最后发展成了一家大公司，拥有近两亿元的资产。人们惊叹这简直是个奇迹！

有一次，一位记者问他成功的秘诀是什么？他坐在宽大豪华的办公桌后面，把桌子上的玻璃杯握在手里，问记者：“你说，如果我松手的话，这只杯子会怎样？”记者说：“会掉在地上，摔碎。”记者的话音刚落，男人就松开了手，杯子掉在了地上，但是却完好无损。他接着说：“人们几乎都会认为这只杯子会摔得粉碎，但是，这不是一只普通的杯子，他是一只用钢化玻璃做成的杯子！”

有时候，成功和失败只有一线之隔，而最终是哪种结果，关键要看我们能不能做一只不怕摔打的钢化玻璃杯。只要在困难面前不低头，在挫折面前不弯腰，任凭命运摔打也不改变自己获得成功的决心，我们就一定能够获得成功。

电话机的出现给人们的生活带来了便捷，但是很少有人会关注它的发明过程。其实，贝尔在研发电话机的过程中遇到了很多难题。贝尔曾经做过聋哑人教师，对听和说的生理功能很有研究。1873 年，贝尔在研究多工电报（同一线路上传送许多电报的装置）时，一个偶然的机会让他产生了灵感，如果把电报中使用的转化信号和机械运动的电磁铁用于电话是不是也可以呢？于是他萌发了制作电磁式电话的念头。

在实验的时候，贝尔和他的助手无论如何呼喊，电话机仍旧像一个聋哑人一样无动于衷、默不作声。这让贝尔的发明工作陷入了困境，很多人开始对他的研究嗤之以鼻，认为他的研究毫无价值。贝尔自己也十分苦恼，他甚至曾一度想要放弃。但是，放弃投入了这么多心血的工作，贝尔不甘心，他决定再坚持一下，于是又投入到艰苦的研究中。

一天，贝尔正在因为电话机不出声的问题绞尽脑汁却又一筹莫展的时候，从邻居家传来了弹奏吉他的声音，音调高低错落的乐曲仿佛拨动了贝尔脑中的智慧琴弦。他突然对自己的助手说：“我成功了！”助手对贝尔的突然反应感到莫名其妙。贝尔激动地解释说：“吉他因为有共鸣所以声音很洪亮，我们的电话送话器发不出声音，是因为共鸣不足，只要我们再设计一个助音箱，问题就解决了！”

贝尔和助手迅速地忙碌起来，他们很快便制作了一个助音箱。当贝尔和助手再一次对着电话喊话的时候，他们清楚地听到了对方的声音。

无论任何时候都不要轻言放弃，即使遇到再大的困难也不要轻易低头，再坚持一下，再试一次，再奋斗一次，也许成功就会奇迹般地降临。自助者，天助之。永不言弃的人往往会得到好运的眷顾，让他们在困境中找到救命的稻草，在绝壁前发现通往成功顶峰的秘径！

困难和逆境给人创造了磨炼自己的宝贵机会，只有那些无所畏惧，在困难面前不低头的人，才能经受住人生的考验，成为真正的强者！

放得下，才能拿得起

放弃是人生的必修课，生活并非都是康庄大道，会有低谷、深渊，如果负重过多，只能加速陨落。放弃不是抛弃，只是让疲惫的身心稍许放松，以便更轻松地前行。

生命的全部奥秘就在于为了生存而放弃。放弃是为了更好地选择。与其苦苦挣扎，拼得头破血流，不如潇洒地挥手，勇敢地选择放弃。只有学会放弃，才能使自己更宽容、更睿智。

人的生命是宝贵的，但又是脆弱的，它可以承载一定的重荷前行，但也会因不堪重负而一蹶不振。所以我们要善于放下思想的包袱，让生命轻松自如。所以放弃不是偃旗息鼓，而是种拾阶而上的从容，闲庭信步的淡然。

诗人泰戈尔说过：“当鸟翼系上了黄金时，就飞不远了。放弃是生活时时处处应面对的清醒选择，学会放弃才能卸下人生的种种包袱，轻装上阵，安然地对待生活的转机，度过人生的风风雨雨。”

有一个年轻人，一直被生活中的孤独、寂寞和痛苦折磨着，不得解脱，于是他千里迢迢的去拜见大师，希望大师可以帮助自己找到快乐的生活。他和大师见面之后，喋喋不休地诉说着自己经历的痛苦，而且抱怨道：“我走了那么远的路，鞋子破了，双脚也被荆棘划伤了，手也受伤了，口干舌燥，但是却始终没有找到快乐。”

大师听完他的抱怨，笑着问道：“你行囊里背的是什么东西啊？”年轻人说：“这里面放着我最重要的东西，有我每次跌倒后的痛苦，伤心后哭泣时的眼泪，孤单时的烦恼……正是因为有它们，才支撑我一路走到您这里。”

大师带着年轻人来到河边，坐船到对岸去。上岸后，大师对年轻人说：“你把船也带着上路吧！”年轻人错愕地看着大师，道：“您开玩笑的吧！我怎么可能抗得动这艘船。再说我们都过河了还要船干什么？”

大师说：“孩子，你说得对，船只是我们的渡河工具，现在我们过河了，船只对我们来讲已经没有用处了，如果你放不下这条船，它就会成为我们以后赶路时的负担，其实你行囊里的痛苦、孤独、寂寞、眼泪和这条船一样，这些虽然都陪伴你走过人生，使你的生命得到升华，但是如果我们一直将它们铭记于心，它们就会成为生命的负重，不如放下吧，这样以后的路才会走得轻松。”年轻人顿时彻悟，立即抛下袋子，继续前进，他发现自己的步伐变得轻盈，原来生命是可以不必这样沉重的。

所有的经历都是过去生活的见证，可以给我们的未来提供借鉴，但是我们却不能因此就将它们随身携带，不舍得放弃。要知道人生的路还很长，如果你背负的东西过于沉重，怎么能够走到终点呢？有时候，适时的放弃，是对心境的一种放松，对心灵的一种滋润，它不仅为你的心灵驱散了乌云，还清扫了你心灵的尘埃。有了它，人生才能有爽朗坦然的心境；有了它，生活才会充满阳光。

所以，我们每个人都应谨记，放弃并不意味着失去，因为放弃是新的开始，是另一种获得。

美国棒球明星威廉·怀拉，在40岁的时候，因为体力日衰，无奈告别体坛。为了维持生计，他只能另谋出路。有一天，他看到了一则招聘启事——一家保险公司招聘保险推销员。怀拉心想：凭着自己之前的知名度，做这份工作应该不难。可是，当他去应聘时，人事部主任却拒绝了他，理由是，这个行业为了亲近客户必须时刻保持微笑，但是怀拉的表情太严肃了。

怀拉被这句话深深地触动了，他知道由于性格和职业的原因，多年来他已经养成了不苟言笑的习惯。他看着镜子中自己板着脸的样子，自己都觉得不舒服。那位人事部主任的话是对的，顾客不会喜欢这样的表情。怀拉决定放下棒球明星的光环，练习微笑。之后，怀拉开始每天对着镜子练习。一个月后，他又去了那家保险公司，在人事部主任面前展示自己的笑容。但是那位主任依旧不满意，说："还是不行，笑得太牵强了，要发自内心地笑才行。"怀拉并没有气馁，回家以后他找来了很多"微笑"的照片，把他们贴在墙上，继续对着镜子苦练。经过一段时间的努力，怀拉的微笑终于达到了人事部主任的要求，他们录用了他。后来，威廉·怀拉凭借着自己的微笑和巧妙的推销技巧成为全美国保险推销员中的佼佼者。

怀拉之所以能够在新的职业生涯中取得成功，正是由于他能够放下自己过去的辉煌。在人生的旅途中，如果我们学会适时地放下，减轻人生的行囊，就更容易到达成功的终点。当我们手捧成功的奖杯回望来路的时候，我们就会发现，当初的放下，让我们得到了更多。

有时候，心理的负担会造成行动上的失误，过分地在意事情的结果，往往会产生差错。与其患得患失，不如放下过多的顾虑，轻装上阵。人在旅途，放下不必要的心理包袱，扔掉精神上的负担，使自己具有良好的心理素质，我们才能走得轻松。

学会放弃，只是为了将自己调整到最佳的状态，重新确立人生目标。学会放弃不是不求进取、知难而退，也不是一种圆滑的处世哲学。有的东西在你想要得到又得不到时，一味地追求只会给自己带来压力、痛苦和焦虑。这时，学会放弃更是一种解脱。更何况，放弃了原有的，才会有寻找新的出路的机会，也许离成功就更近了一步。

人生要学会放下，只有放下，我们才能获得新生；只有放下，我们才能卸下心中的重担，轻松前行；只有放下，才能创造更大的人生价值。放下包袱，轻装上阵，我们就会收获成功和幸福。

面对太阳，把阴影抛在身后

著名成功学家拿破仑·希尔指出：“人与人之间只有很小的差异，但这种很小的差异却往往造成了巨大的差异！很小的差异就是所具备的心态是积极的还是消极的，巨大的差异就是成功与失败。”人真正的主人是心态，如果你不去驾驭生命，就会被生命所驾驭。人的本性中总有一种倾向性：我们把自己想象成什么样子，就真的会变成什么样子。所以心态决定了你是骑手还是坐骑。

“态度决定一切”是美国西点军校的名言，其意是说，做事最重要的便是你的态度，只要你端正自己的态度，就没有做不好的事情。如果事情还没有开始，你便把它想象得很困难，认定无法完成，那么它自然不会成功。换个角度，你对任何事情都抱着认真的态度，结果也一定会很美好。

态度可以决定一个人成就的高度，无论做什么样的事情都是如此。如果一个人在工作中，始终保持良好的工作态度，不仅能把自己的工作做得更出色，而且能够处理好生活中的其他事情。

还有一位智者说过：“生性积极的人，懂得在逆境中找到光明；生性悲观的人，却常因愚蠢地叹气，而把光明给吹熄了。当你懂得生活的乐趣，就能享受生命带来的喜悦。”悲观者说：希望是地平线，看得见却永远到不了。乐观者说：希望是启明星，即使摘不到，也可以给人们指明曙光的方向。乐观者说：风和浪结伴同行，载人们到达成功的彼岸。悲观者说：风和浪作恶多端，把人埋葬在大海深处。相同的事情，在乐观者与悲观者眼里是完全不同的，所以他们的人生也会截然不同。

在第二次世界大战期间，原本住在美国中部的新婚夫妇，因为丈夫要驻防加州，所以妻子也随军一起来到了驻地。营区设立在靠近沙漠的地方，生活条件艰苦，起初，丈夫坚决反对妻子跟来，但是妻子态度很坚决，所以最终也只能同意。

虽然他们很用心，但是也只找到了一间靠近印第安村落的小木屋。这里白天闷热，连阴凉一点的地方都有摄氏 46° ，而且一年四季都伴随着肆虐的狂风，尘土飞扬。这还不是最糟糕的，他们的身边生活的都是土著印第安人，语言不通，有时候丈夫还必须外出，所以妻子的日子过得极其无聊。

一次，在丈夫又因为参加部队的演习不得不离开两周后，寂寞无聊的她待在家里要崩溃了，于是她写信给母亲。她寄希望于母亲可以体谅她，给她一些心灵的慰藉，并且想办法让她离开这个鬼地方。很快，她收到日思夜盼的回信，然而信封中只有薄薄的一张信纸，母亲在信中只写了一句话：有两名囚犯从狱中眺望窗外，一个看到的是泥巴，一个看到的是星星。

她将母亲的信反复地看了很多遍，似乎想明白了一些事情，顿时觉得很惭愧。她想，我应该学会去寻找星星。

她终于走出屋子，主动学习当地人的语言，同印第安人、墨西哥人成了朋友。他们送给她许多珍贵的陶器和纺织品作为礼物，她才发现，原来他们如此地热情好客。她还喜欢研究沙漠的仙人掌和土拨鼠，发现原本枯燥的沙漠中也充满了勃勃生机。她欣赏沙漠的日落日出，感受沙漠的海市蜃楼，享受着新生活给她带来的一切，她每天流连忘返，仿佛置身在天堂，置身于欢笑之间。

她意识到她最大的问题和失误是，过去的自己总是习惯性地低头看，结果只看到了泥土，而因此忽略了天上闪闪发光的星星。而生活中的我们，有时候不也同样只关注生命中黑暗、难熬的日子，因此而忽略了身边最平凡、最真实的感动，忘记去享受这星光灿烂的美好世界吗？

对于她来说，周围的环境没有丝毫改变。沙漠依然是沙漠，而周围的人还是原先的墨西哥人和印第安人。不同的是她的心态，她选择了乐观积极的人生态度，改变了她的生活状态。后来她回到了美国，根据自己这一段真实的内心历程写了一本书，名叫《快乐的城堡》，引起了很大的轰动。由此看来，一个人能否培养一种凡事都可为的积极态度是非常重要的。

有个开鞋厂的人，由于自己年龄大了，想将鞋厂交给儿子管理。可是他有两个儿子，却不知哪个儿子能胜任。于是他想了一个办法，考验两个儿子。他跟儿子们说："我这有 400 双鞋，你们分别拿 200 双去卖，谁先卖完，谁就可以得到鞋厂。"

他们的目的地是非洲。第二天，大儿子先出发了，但是到了那里之后，他发现那里的人都是赤脚生活的，所以觉得他们不需要鞋子。他心情愉悦地想："既然我卖不出去，弟弟也一样肯定卖不出去。"于是高高兴兴地回家了。

弟弟在哥哥走后不久也出发了。当他看到这里的人都不穿鞋时非常兴奋。"这里没有一个人穿鞋，那么自己的鞋子肯定能全部卖出去。"弟弟找到族长，将一双鞋子送给他，并让他试穿。

他详细地给族长介绍自己的产品："天冷时，这鞋子能防寒；天热时，穿着鞋子就不会烫伤脚底；如果穿鞋出去打猎，不仅会跑得更快，还不会让脚受伤，价钱很公道的。"族长听了他的话后，觉得十分有道理，于是就把他的 200 双鞋子买下来送给了族人。

保持一种积极的心态，如果一种方法行不通，那么换一种方式，换一个心情，说不定会让你有更大的惊喜、更大的成功。就像拿破仑·希尔指出的那样："积极的心态需要反复学习与实践。就像我们打高尔夫球那样，你可能在某个时刻打了一两杆好球，便以为自己懂了这项运动，但在下一个时刻，你可能连球都击不中呢！我们每一天都要学习，以克服自己的负面习惯，将自己的思维方式调整为正向。”

有一对双胞胎兄弟，两个人长得几乎一模一样，就连他们的父母有时候也分不清兄弟两个谁是谁。但是他们的性格却迥然不同，哥哥乐观，弟弟悲观，这也是这对双胞胎兄弟最大的区别。所以这也成了父母分辨他们的最好方法——问他们同样的问题，根据他们的回答区分两个人。

有一天，双胞胎兄弟的小伙伴来家里玩，有几个淘气的孩子搞了一个恶作剧：他们将双胞胎兄弟家中的所有玩具都堆放在悲观弟弟的房间里，然后又在乐观哥哥的房间中放了一堆马粪。

到了晚上，父亲经过弟弟的房间时，发现他正坐在一堆玩具中伤心地哭泣。父亲关切地问他出了什么事。弟弟哭着说：“我有这么多玩具，小朋友们肯定都会跟我借它们玩的，只是这些玩具几乎都需要电池，即使花掉我所有的零用钱可能都不够，而且他们把我的玩具玩坏了怎么办？即使是放在这里不动，这些玩具终有一天也会坏掉的……”

安慰了悲观的弟弟后，父亲又来到了哥哥的房间，发现他正对着一堆马粪在那里手舞足蹈、乐不可支。父亲感到十分奇怪，问儿子为什么这么高兴。哥哥笑着对父亲说：“爸爸，快看，有一匹小马来过我的房间！”

积极和消极不仅仅是性格和态度的区别，更是人生智慧境界上的差异。积极之于人生，是地平线上那袅袅升起的热望与希冀，是普照生灵的不熄的阳光，更是寻得一份旷达与美好的铺垫与勇气。让我们随时随地都面向太阳，以积极的心态面对人生，将生活的阴影远远抛在身后吧！时时拥有积极的心态，做一个积极的人，快乐享受生活，你必将拥有积极快乐的人生！

没有富爸爸，一样可以成功

人生来就有很多东西无法选择和改变，比如出身，我们只能正视和接受。英雄自古出寒家，纨绔子弟少伟男。所以贫困没什么了不起，只要能端正自己的人生态度，把握好心态，就有机会改变这种状况，真正可怕的是精神贫穷，如果没有自己的追求和目标，人生只能在灰色地带。高尔基曾经说过："贫穷是一所最好的大学，如果你能够在这里修完所有学分的话，在未来的人生里，还有什么是不能超越与突破的呢？"

著名品牌金利来的创始人曾宪梓先生曾这样说："我本身就是穷苦孩子出身，但是穷困并不可怕，只要人有志气，贫困中所作出的努力和所克服的困难将是一笔巨大的财富。只有我们穷苦的孩子才能拥有这笔财富，因为我们穷，所以必须去奋斗，去克服许多困难，这个过程中我们比别人学到的东西更多。"

纵观古今中外，家境普通的孩子通过自己的艰苦努力取得成功的例子举不胜举。贫穷对他们来讲是无价之宝，因为经济上的拮据，让他变得更加乐观、不屈不挠，懂得居安思危、长远考虑事情；让他们懂得如何从失望中寻找希望，让他们拥有坚韧不拔的气质、无坚不摧的性情、永不向厄运低头的意志。这些优秀的品质弥补了他们在物质上的贫乏，成为他们迈向成功的巨大精神财富。

博克是美国新闻史上最成功的编辑之一，他曾经创办了世界上发行量最大的妇女杂志《妇女家庭》。博克出生在一个并不富裕的家庭，在很小的时候就不得不每天提着小筐去拾碎煤。为了得到一个面包，他请求老板让他擦面包店的窗户。

他几乎每天都要做好几份工作，星期六早晨去卖报，空余时间，向那些坐马车旅行的人兜售冰水和柠檬水，到了晚上，为报社写关于各处举行的生日宴会和茶会的新闻。那时的他才 12 岁，从西班牙来到美国还不到 6 年。13 岁那年，他离开学校，到一家公司当了一名清洁工，逐渐结识了一些名人，开始有了自信和雄心。后来通过自己的不懈努力，终于成为美国最成功的编辑。

人穷不可志短。要想摆脱困扰，首先要有勇气面对现实，敢于忍受生活给予的苦，既不羡慕他人也不自轻自贱，因为贫穷并不丢脸！

美国报业巨头约瑟夫·普利策曾经有过与博克相似的生活经历。他出生在匈牙利一个普通小镇，年幼时生活衣食无忧。但是在父亲去世后家境每况愈下，不久母亲改嫁，他和继父没有办法和平共处，这使他吃了很多苦头。17 岁时，他离开家偷渡到了美国。最初，他想当个军人，不料屡屡碰壁，几经辗转终于当上了骑兵，但战事很快便结束了。

战争结束之后，他留在了纽约，后来又辗转到了美国西部，为了维持生计，他做过很多工作，骡夫、水手、建筑工人、码头苦力、餐厅跑堂和马车夫。然而这些都激不起他的兴趣。后来他终于如愿在图书馆找到了一份差事，于是有更多的机会阅读。对于这份来之不易的工作，他非常满意。

普利策凭借强烈的求知欲和充沛的精力，不知疲倦地挖掘各种新闻，成为美国新闻界的旗手、标兵，他创造的编辑写作制——记者采写的材料由编辑润色、整理、综合成稿件见报，至今仍是整个新闻界的普遍原则。以他名字命名的“普利策新闻奖”，成了美国新闻界的最高荣誉。

富爸爸或许可以带给你人脉、资源、资金，让它们成为你成就事业的助力，甚至轻松获得别人需要用毕生精力追求的生活质量。但是爸爸常有，而富爸爸不常有，所以即使你没有富爸爸，也不必抱怨，因为只要你有激情和斗志就可以点燃和照亮人生。奥格·曼狄诺说：“激情是世界上最大的财富，它的潜在价值要远远超过金钱和权势。激情可以摧毁偏见和敌意，摒弃懒惰，扫除障碍。激情是行动的信仰，拥有这种信仰，我们就会战无不胜。”

贫穷带给我们的不是自卑，而是奋进的魄力与勇气。它让我们迎难而上，正视自己的内心，正视别人对自己的看法，想清楚自己的价值，用自己的价值来摆脱贫困。正如阿德勒所说：“应付生活中各种问题的勇气，能说明一个人如何定义生活的意义。”看看“美国名人榜”，那些彪炳史册的人，有几个是拥有显赫家世的，他们同样经受过无情的打击，只是他们从未放弃过理想，坚持奋斗，所以最终收获辉煌。所以说，生活给予我们的挑战是天才的晋升之阶，是信徒的洗礼之水，是能人的无价之宝。当你的生活遇到阻碍时，挑战就像一台钻探机，越是遇到坚硬的石头，越能迸射出绚丽、耀眼的火花。经过挑战磨炼的人，会发现自己又向前迈进了一步，意志更坚强，将来取得的成就会越辉煌。没有富爸爸，你一样可以成功，只要你在困难与挫折面前不低头。正如莎士比亚所说：“我们知道我们现在是什么样的人，但不知道我们可能成为什么样的人。”

没有高学历，一样可以成功

在中国，有很长一段时间流行“唯学历论”，无论你能力多强、实践经验多丰富，没有过硬的毕业证书，也只能站在高墙外做看客，于是上名牌大学、读热门专业成为莘莘学子的唯一出路。但是现在，“唯学历论”已经成为明日黄花，能力成了衡量人才的重要标准。于是就出现了这样的现象：有些人，寒窗苦读十余载，好不容易毕业了，但是却因为苦读书而缺少实践经验，一毕业就失业，苦闷不已；有些人，虽然没有高学历，但是实践经验丰富，所以在职场中平步青云，如鱼得水。

学历不等于能力，只要有能力每个人都可以找到展示自己的舞台，因为机会是平等的，不会因为你没有学历就对你置之不理。成功与学历无关，很多人能够成功是靠他的努力、奋斗以及能力取得的。

索尼企业创始人盛田昭夫曾说：“我想把索尼企业所有的人事档案全部烧毁，以便在企业里杜绝在学历上的任何歧视。”不久之后，他用实际行动将他的话付诸实践，使一大批人才脱颖而出，也造就了索尼今天的成功。

当然，我们并没有否定学历的意思，从某种意义来讲，学历对一个人的层次和高度会有一定的影响，所以能力和学历有时候是相辅相成的，只有高学历没有能力会被社会淘汰，而只有能力没有学历，择业的时候选择的机会就会变少。只有当学历与能力完美契合时，事业之路才会走得更顺畅。

有一位叫巴纽埃洛斯的墨西哥姑娘，16 岁结婚，两年之后，有了两个可爱的宝宝，可是丈夫却离家出走了，生活的重担落在了她的肩上。为了能够给孩子创造良好的生活条件，她开始考虑改变自己的人生。

为了能有更多的就业机会，她带着孩子们离开家乡，来到了得克萨斯州埃尔帕索，并在一家洗衣店找到了工作。但是时间不长，她就发现这并不适合她，于是，她带着两个儿子前往洛杉矶寻求更好的发展机会。在那里，她努力工作，省吃俭用，终于有了400美元的积蓄。之后，她和姨妈共同买下一家小店，制作玉米饼。

巴纽埃洛斯与姨妈共同制作的玉米饼非常成功，后来还开了几家分店。在姨妈因工作辛苦而退出后，她成了小店唯一的店主。之后经过努力，她的小玉米饼店铺拥有了300多名员工，成了当地最大的墨西哥食品批发商。但是，她并不满足于现有的成绩。之后，她又与伙伴们在一个小拖车里创办了自己的银行。

在到社区销售股票时，她遇到了麻烦，因为人们对他们毫无信心，于是她兜售股票时屡屡遭到拒绝。很多好心的墨西哥老乡都劝她放弃："我们已经努力了十几年，总是失败，你知道吗？墨西哥人不是银行家呀！"但是，面对困难和挫折她始终坚持自己的梦想，不懈地努力，终于取得了成功。如今，她的故事在东洛杉矶已经传为佳话。

巴纽埃洛斯只是墨西哥移民中的普通一员，没有学历，没有背景，凭借坚韧不拔的精神，实现了自己的梦想。可见，学历不是成功的唯一条件。事实也证明，在激烈的市场竞争中，那些没有实际经验的高学历者纷纷败下阵来，被那些没有高学历，但是有着丰富实战经验的人打败。

杰克·韦尔奇曾经说过："一旦你产生了一个简单而坚定的想法，只要你不停地重复它，终会使之成为现实。提炼、坚持、重复，这是你成功的法宝；持之以恒，最终会达到临界值。"

比尔·盖茨没有上完大学就开始创业。他与保罗·艾伦一起创建了微软公司，曾任微软CEO和首席软件设计师。1995年到2007年的《福布斯》全球亿万富翁排行榜中，比尔·盖茨连续13年蝉联世界首富。

如今，企业用人重“能力”，轻“学历”。很多成功的精英并没有耀眼的学历，但是，他们却凭着出色的能力和见识，成就了自己，用能力证明了自己存在的价值。

当配角，也能活出绿叶的精彩

一个篱笆三个桩，一个好汉三个帮，一个人的成功需团队成员的帮助。所以当我们在为成功者喝彩的时候，不要忘记把掌声送给那些默默付出的“绿叶”。

其实人生就是一出戏，在这个舞台上，有主角也有配角，但是并非只有主角在台上能大放异彩，有很多甘当他人绿叶的配角，在成就他人的同时也成就了自己。

工作或生活赋予你的角色并不完全都是主角，更多的时候恐怕还是配角。尤其是那些走入社会的职场新人，要有足够的心理准备去充当配角，只有甘心当好绿叶，才能把红花衬托得更加鲜艳，当好配角，才能有更多的机会成长为主角。

如今，随着市场竞争的日益激烈，众多的企业和单位都意识到，单打独斗的时代已经结束，团队合作的时代已经来临！在团队中，每个人既是主角又是配角，既是绿叶又是红花。在团队协作中，只有甘当配角，当好配角，团队才能走向成功。要知道，谁也不是一开始就能担当主角的。

《三国演义》中，赵云一生屡立战功，令行禁止，遵奉法度，从来不争功，不抢功，谁立了功他都高兴，在三国众将领中可称得上是独当一面的统帅之才，用现在的话说，不管办什么事，根本不让领导操心。可是他从来不炫耀自己，不争官夺爵、不争名夺利，甘当绿叶。

团队中需要像赵云这样有能力的配角，处处以大局为重，不争名夺利，有福同享有难同当，通过自己的努力，使团队利益最大化。如果使命赋予你配角的位置，你却不甘心当配角，不但会出现越位现象，而且还会让自己成为团队中的边缘人，甚至因为你让团队陷入困境。

其实，在团队协作中，不论能力大小，每个人都应该各司其职，是配角就行使配角的职能，如果非要逞强，抢占了主角的职能，最终只能导致团队任务的失败。

“配角”在团队协作中起到了承上启下、穿针引线的作用，是主角的左膀右臂，是主角的背景图。出色的职场配角同样能够抓住人们的眼球，为整个舞台增色。

吴孟达是深受大家喜爱的香港著名影视演员。然而，他踏入影坛几十年，几乎全是以陪衬身份出现，他甘当绿叶，一直为周星驰、周润发、刘德华、梁朝伟、黎明、郭富城等大牌明星做陪衬。尤其是在周星驰的电影中，观众更是记住了这个幽默搞笑的配角，他成为香港影坛当仁不让的“搞笑男二号”，堪称香港电影第一绿叶，曾获得多届香港电影金像奖和台湾电影金马奖最佳男配角提名，并荣获第十届香港电影金像奖最佳男配角。正是由于吴孟达这个配角精彩的演出，使得每个大腕的作品都增色不少。

可见，只要给自己定好位，都能在自己的位置上做出一番成就来。主角和配角互为补充，只是分工不同，并没有高低贵贱之分，配角这个角色，依然能够让你发挥才能，正像吴孟达所说：配角同样精彩。没有配角，就不会有主角的成功，正如在战场上，如果没有上阵杀敌的士兵，只有带兵有方的将领，岂能胜利？所以，每一个主角都需要配角的映衬与帮助，这就是配角的作用，只要调整好自己的心态，尽心尽力地做好每一件事情，就能有所收获，就能够活出绿叶的精彩。

现在没钱，不代表以后也没钱

有人说，而立之年，是人生重要的转折点。可有很多到了而立之年却没有收获果实的人。这些人是不是没有成功的可能了呢？其实，成功与年龄无关，只要不灰心，敢想敢干，每个年龄段的人都有成功的机会。

永远微笑的肯德基大叔——哈伦德·山德士上校的故事不仅在美国家喻户晓，还享誉世界，感染了无数的人。他发明了著名的“肯德基炸鸡”，开创了“肯德基快餐连锁”业务，并将其经营成世界上最大的炸鸡快餐连锁企业，在世界各地拥有超过上万家餐厅，以山德士形象设计的肯德基标志——微笑的脸庞，花白的胡须，白色的西装，黑色的眼睛，已成为世界上最出色、最易识别的品牌之一，有人戏称，他的笑容恐怕是世界上最著名、最昂贵的笑容。从最初的街边小店，到今天的食品帝国，山德士走过的是一条崎岖不平的创业之路。

他 12 岁开始在农场做工，之后做过粉刷工、消防员，卖过保险，当过兵，后来还当过治安官。40 岁之后，他开了一家加油站，为了方便客人，他顺便卖一些方便食品，其中就包括自制的炸鸡，而后吃炸鸡的人比加油的人还要多，于是他在加油站旁边开了一家德士餐厅。到 1935 年时，山德士的炸鸡已闻名遐迩。肯塔基州州长鲁比·拉丰为了感谢他对该州饮食所做的特殊贡献，正式向他颁发了肯塔基州上校这一军衔，所以人们都叫他“亲爱的山德士上校”，直到现在。

后来他又在饭店旁边加盖了汽车旅馆。即使是在经济大萧条时期，他的生意依旧很火爆。但是战争给了他致命的一击，让他一贫如洗，只能每月靠领取 105 元的救济金过活。

二战之后，他为了摆脱困境，骑着一台破旧的老爷车，到处兜售他的炸鸡秘方，足迹遍及美国每一个角落。但是没有人相信他。你知道他被拒绝了多少次之后才成功的吗？整整 1009 次。当时的山德士上校已经 66 岁了。

世人往往对大器晚成者坚持不懈地努力表示敬意，但从心底却真正艳羡那些禀赋卓绝的天才，他们通常早熟，年纪轻轻就取得了一般人难以企及的成就，但这是人们的理解存在误区。事实证明，即便是那些才华极高的人，也需要有一番经历才能够真正地享受成功。很多有才华的人往往也是大器晚成。

现代广告教皇大卫·奥格威于 1949 年在纽约创办了奥美广告公司，那一年，他 38 岁。那时，他没有文凭、没有客户，银行账户里只有 6000 美元。10 年之后，奥美公司成为全球最大的 5 家广告代理商之一，在 29 个国家设有分公司，拥有 1000 个客户，营业额 8 亿美元。

奥格威生于 1911 年 6 月 23 日，先后受教于艾丁堡大学及牛津大学。然而他没有毕业，而是像他后来所说的“被扫地出门了”。他称这段经历“是我一生中一次真正的失败……我本可以成为牛津的一颗明星，但是却因为屡次考试不及格而被轰出了校门”。

回到英国之后，奥格威受雇于 Age 厨具公司，成为一名推销员。1935 年，他为 Age 的推销员写了一本推销辅导手册，后来被《财富》誉为“有史以来最好的推销员手册”。当时，他仅 24 岁，却已写出经久不衰的推销名言。

25 岁的他宣称：“每一个广告必须讲述完整的营销故事，文案中的每一句话都要掷地有声。”

1938 年，奥格威移民美国，受聘于盖洛普民意调查公司，在其后的 3 年中辗转世界各地为好莱坞客户进行调查。严谨的研究方法与对事实的执着追求是奥格威的行事准则之一。二战期间，他受命于英国安全部，出任英国驻美使馆二秘。战后，他以种烟草为生，后举家迁至纽约，并决定开创自己的广告公司。

这个男人，大学肄业，曾做过厨师、销售、外交官和农夫；对市场一无所知，从未写过一篇文案，38 岁尚未正式涉足广告业，只有几千美元作为原始资金。一家英国公司慧眼识珠，投资 45000 美元资助他开业。奥格威与德森·休伊特，一位与他在 1941 年相识的会计师一同开创了休伊特奥美，班森 & 马瑟，（奥美前身），从此他凭借独创的理念、敏锐的洞察力、勤谨的作风引领公司一步步壮大，3 年之后，名扬业内。

山德士、奥格威都是在各自行业大器晚成的人。年轻的时候，他们坚信自己的路还很长，没有灰心，怀着必定成功的信念坚持奋斗，所以他们的努力付出最终在灯火阑珊处绽放光彩。

别人有的，你也一定要有吗？

每个人的机遇不同，所以人生轨迹也有所不同。但是再不同的人生也有相同之处，即无论人生之路是蜿蜒曲折，还是笔直平坦，都必须一步步地走完全程，没有跨越的虚线和时间的空白，没有捷径可走。

王章程是美国华裔数学家，毕业于美国加州大学。毕业后，他的同学多数都选择进了政府机构或大公司，只有他选择了加州私人研究室，而且一干就是 10 年。10 年中，他过着清贫的生活，30 岁的时候还孑然一身，没有属于自己的房子。与他形成鲜明对比的是，他的很多同学收入都达到几十万，有的甚至达到上百万。他们开着高档车子，住着豪华别墅，经常带着漂亮的妻子出入各种宴会。

虽然在别人眼里，他的生活不入流，但他本人并不这么认为。他非常清楚，别人所拥有的不是他想要的，没有必要去羡慕，他依然如饥似渴地进行着自己的研究。

35 岁时，他攻克了世界上两项顶尖级数学难题，从此，他的人生步入了黄金时期。美国十几家大学先后聘请他前去任教。多少年过去了，在世界数学界，他依然是无冕之王。

风景永远在别处。“不羡慕”，说起来容易，做起来难。每个人都在羡慕别人，也成为别人羡慕的对象。有这样一则寓言：两只老虎，一只生活在笼子里，一只生活在自然界。在笼子里的老虎三餐无忧，在外面的老虎自由自在。两只老虎经常进行亲切的交谈。笼子里的老虎羡慕外面的老虎自由自在，外面的老虎羡慕笼子里的老虎三餐无忧。一日，一只老虎对另一只老虎说：“咱换换吧！”另一只老虎同意了。于是，两只老虎都过上了自己向往已久的生活。从笼子里走出来的老虎在旷野里自由奔跑，走进笼子的老虎再也不用为食物而发愁。但不久之后，两只老虎都死了。一只死于饥饿，一只死于忧郁。从笼子里走出来的老虎，虽然获得了自由，但是没有同时获得捕食的能力；走进笼子的老虎获得了安逸，却没有获得在狭小空间生活的心境。

总是羡慕别人，就容易迷茫，失去自己。当然有时候羡慕也会激发自身的潜能，让自己向着更高远的目标迈进。所以无论何时都要把握自己，不让自己失控。因为你眼里那些耀眼的东西或许并不合适你。

非洲人哈利默父子，一直过着贫寒的生活，在长达 8 年的时间里，他们一心一意地练习长跑，父亲充当教练的角色，儿子是被训练的对象。父子俩对身边人的生活视而不见，不羡慕、不理会，将所有的精力都放在训练上，日子过得充实而快乐。8 年后，小哈利默的长跑速度有了惊人的进步，他一路过关斩将，先是夺得非洲长跑冠军，后又在世界锦标赛上夺冠。父子俩把这一切归功于对外界的淡漠。在总结生活的发言中，小哈利默说：“这些年，我和父亲从来没有理会过别人的生活是怎样优越的，我们更不会去羡慕别人。正因为如此，我们才能做好自己的事，才不会因为与别人的生活有差距而陷入不幸的烦恼中。”

在这个世界上，你不可能什么都得到，也不可能什么都适合去做，所以，要学会珍惜自己的生活，不羡慕，不模仿，好好经营自己，才能拥有一个最真实、最圆满的人生。正所谓“人比人，气死人”，不同的出身、不同的经历、不同的教育背景、不同的性格都会造就不同的人生。因此，和别人比较没有任何意义。只有和自己比较才最有价值，你的今天比昨天精彩，就证明你进步了。只要你离自己的目标越来越近，只要你的明天比今天好，你就是成功的。守着自己所拥有的，想清楚自己真正想要的，我们才会真正快乐！

烦恼太多，那就控制欲望吧！

人生可以很简单，一瓢饮，一箪食，一张席足矣，但前提是所有人都满足于这种生活，否则不满足的人就会抢夺别人的一瓢饮，一箪食，一张席。不满足，源于欲望。每个人都有欲望，财、色、名、食……贪而无厌。也正因为此，人的烦恼随之而来。

其实，生活原本没有痛苦和烦恼，当欲望之火被点燃后，烦恼就会来敲你的心门。当你开始计较得失，贪求更多时，烦恼便会来缠身。

老和尚带着小和尚下山化缘。当他们走到一处湍急的河边时，看见一位美丽少女在那里踯躅不前。

老和尚走上前去说："这位女施主，贫僧背你过去吧。"然后，老和尚背着少女过了河。小和尚跟在后面，对老和尚的行为很不解，一直纠结这件事。到了晚上，他实在忍不住了，就对老和尚说："我们出家人是不应该近女色的，你今天为什么要背那个姑娘过河呢？"

"你说那个姑娘呀！我早就把她放下了，你还记着呢？"老和尚心怀坦荡，把姑娘背过河后，并没有记在心里，小和尚一直想着清规戒律，心里却一直没有放下，在心里产生了欲望。

世上本无事，庸人自扰之。其实所谓的烦恼，大都是自己给自己戴上的枷锁。欲望越多，烦恼就会越多。无欲无求，自无烦恼。然而人有七情六欲，皆与欲望挂钩，因此，不可避免会有烦恼。

佛家认为，欲望是一切烦恼的根源，只有杜绝了欲望，才能没有烦恼。

但是欲望是人类进步的原始动力，人类的祖先正是为了寻找食物，才从树上来到陆地，继而学会打造工具，进化成人。因此，不能因为欲望能产生烦恼，就“存天理，灭人欲”，关键是如何控制好欲望，使欲望既合理存在，又能减少烦恼。

南阳慧忠禅师被唐肃宗封为“国师”。有一天，肃宗问他：“朕如何可以得到佛法？”

慧忠答道：“佛在自己心中，他人无法给予！陛下看见殿外空中的云了吗？能否让侍卫把它摘下来放在大殿里？”

“当然不能！”

慧忠又说：“世人痴心向佛，有的人为了取得功名；有的人为了求财富、求福寿；有的人是为了摆脱心灵的责问，真正为了佛而求佛的人能有几个？”

“怎样才能有佛的化身？”

“欲望让陛下有这样的想法！不要把生命浪费在这种无意义的事情上，几十年的醉生梦死，到头来不过是腐尸与白骸而已，何苦呢？”

“哦！如何能不烦恼、不忧愁？”

慧忠答：“您踩着佛的头顶走过去吧！”

“这是什么意思？”

“不烦恼的人，看自己很清楚，即使修成了佛身，也绝对不会自认是清净佛身。只有烦恼的人才整日想摆脱烦恼。修行的过程是心地清明的过程，无法让别人替代。放弃自身的欲望，放弃一切想得到的东西，其实你得到的将是整个世界！”

“可是得到整个世界又能怎么样？依然不能成佛！”

慧忠问：“为什么要成佛呢？”

“因为我想像佛那样拥有至高无上的力量。”

“现在陛下贵为皇帝，难道还不够吗？人的欲望总是难以得到满足，怎么能成佛呢？”

是啊，欲望永远没有止境！就连身为最高统治者的皇帝也有满足不了的欲望，何况平常人。人都有七情六欲，欲望就像河，汹涌澎湃、奔腾不息，不断地驱使着人们去忙碌、追寻。有的人为金钱，有的人为名利，有的人为事业，有的人为爱情，有的人为长寿。

欲望可以为我们提供精神力量，让我们更加努力奋进，但是过犹不及，所以一定要控制好欲望的“度”。不要不切实际地盲目攀比。如果目标定得太高，好高骛远，一旦实现不了，烦恼自然就来了。

其实，人生很简单，找准自己的人生目标，即挑选自己最适合最感兴趣的事，用一生去完成它就够了。别人的成功及失败与你无关。你只要天天在进步，在超越自己、战胜自己，就足够了。

别让忧虑害了你

传说在很久以前，杞地有一个非常胆小的人，经常为各种各样奇怪的事情担心。有一天，他吃过晚饭以后，坐在门前乘凉，看着星光闪闪的天空，突然担忧地说："如果有一天天塌下来了，那可怎么办啊？我们根本就没有地方可逃，都得被活活地压死啊！"从那以后，他每天都为这个问题忧愁、烦恼，而且越来越害怕，终日神情恍惚。很多人都笑话他是自寻烦恼，天怎么可能会塌下来。可是无论别人怎么劝说，他都不相信，依然为这个问题担心害怕。

这就是大家熟悉的"杞人忧天"的故事。也许你会觉得故事的主人公很可笑，但是现实生活中确实存在着这样的人，他们经常会为各种各样的事情担心，这些担心让他们精神紧张、压力过大，其实，很多他们担心的事情根本就不可能发生。

在撒哈拉大沙漠中，有一种叫作"沙鼠"的动物。在沙漠中的旱季到来之前，沙鼠们都要囤积大量的草根，以保证它们在旱季中有足够的食物。因此，每当旱季来临之前，沙鼠们会忙得不可开交，它们十分辛苦地进进出出，一趟趟地往自己的洞里衔草根。当它们储存的草根足以让它们度过整个旱季以后，它们仍然会拼命地工作，把草根一根根咬断，然后运进它们洞穴中的"储藏室"里。因为只有这样它们才会感到踏实，否则，它们会一直焦躁不安。

但是，科学家们研究发现，沙鼠根本就是在为不可能发生的事情担忧，即使他们不储存任何的食物，在旱季中仍然可以找到供它们食用的东西。沙鼠的这种行为只是出自于本能的一种担心，并为此做了很多毫无意义的工作。

不要为了将来很多不可能发生的事情而担惊受怕，这样只会扰乱我们的思绪，让我们无法专心做今天的事情。只有抛却无谓的担忧、忧虑，集中精力，才能竭尽全力地去经营今天的美好生活，才有可能让自己的明天变得更加充实和美好。

曾经有一个铁匠，家里唯一的经济来源就是他的手艺，所以他常常忧心忡忡：如果我病倒了，就不能工作了，家人就会挨饿；如果有一天世界上再没有铁矿了，我就会失业，家人就失去了依靠；当我老了，再没有力气打铁了，那时候他们该怎么生活啊？他每天都为这些自己假想中的事情担忧，这些忧虑像一个个沉重的包袱压得他喘不过气来。他开始吃不下饭，睡不着觉，干活儿也没有精神，身体也越来越差。

有一天，铁匠去街上买东西的时候昏倒在了路边，一位刚好路过的医生救了他。醒来后的铁匠将自己的忧虑一股脑儿地告诉了医生，那位医生表示很同情他的遭遇，为此，还送了铁匠一条金项链。他和铁匠说："这条项链很贵重，所以，不到万不得已的时候，千万不要变卖它。"铁匠十分感谢医生对自己的帮助，他高高兴兴地拿着那条金项链回家了。从那以后，铁匠再也不会杞人忧天了，每当遇到困难，他总会想起医生送他的金项链，如果真的遇到了过不去的坎，把它卖掉，换来的钱足够维持一家人以后的生活了。

没有了精神负担的铁匠，吃饭香了，睡觉也踏实了，白天干活儿也充满了力气，身体渐渐地恢复了健康。后来，铁匠的孩子们都长大成人了，铁匠也老了，凭着自己多年来辛勤的工作，他已经有了不少积蓄。有一天，他忽然想起那条金项链来，于是他把它拿到一家首饰店里，请老板估一下这条项链的价格。结果，那位老板对他说，这条项链根本不是金的，是黄铜做的，值不了几个钱。听了首饰店老板的话，铁匠恍然大悟，原来，那位医生给他的不是一条项链，而是一个医治他心病的方法！

不要杞人忧天、预支明天的美好时光用来烦恼，只要我们把今天的事情做好了，就能减少明天的烦恼。与其把时间浪费在担心和忧虑上，还不如放下心里的包袱，轻松地面对生活，从现在开始积极地行动起来，改变自己的生活方式，脚踏实地地经营，不让那些并不会发生的事情影响我们的心情，降低我们生活的幸福指数。

成功需要坚持

有位诗人写道："我们在梦里走了许多路，醒来后发现自己还在床上。"这个世界不缺梦想家，但缺少懂得如何实现梦想的人。如果光有梦想而不付诸行动，人生只能在原点徘徊。而精彩的人生是一个编织梦想与希冀，然后再把梦变成现实的过程。

而古今中外，那些引领人类进步的人，都是富有梦想、目光远大，并尽全力付诸行动的人。火车先驱乔治·斯蒂芬森18岁时还目不识丁，但是他怀揣制造火车的美丽梦想，并努力将其变成现实，使人类能更加便捷地在各地之间往返，加快原料供应速度，使得生产力大大提高，促进了社会的进步。

被老师认为是"低能儿"的爱迪生，他希望黑夜和白昼一样，于是电灯应运而生了，现在，整个人类都受其恩惠。

贝尔怀揣改变全球通信困难状况的梦想，潜心地投入研究，经过了无数次的试验，终于利用电磁铁将声音转化成了电流，电流沿电线传输到了远处，然后通过相同的原理又将电流转化成了声音，制成了历史上第一台能够使用的电话机，给世界带来了无限的惊喜，甚至在某种程度上影响了世界的进程。如今手机和电话已经成了人类如影相随的朋友，是人们生活中必不可少的工具，使瞬息之间进行全球的信息交流成了可能。

人类从诞生之日起就梦想能在天空中翱翔，起初人们将这种梦想寄托在神话故事中，可是只有想象维持的梦想毫无意义，于是幻想成为创造的母亲，人们开始不懈地探索飞翔的奥秘，甚至不惜付出生命，飞机在世人的期盼下诞生了，不仅实现了人们千百年来的梦想，还为探索辽阔的宇宙空间提供了可能。

梦想具有神奇的力量，是人类不断探索宇宙奥秘的动力，即使在前行的路上布满了荆棘，也会义无反顾。因为梦想，人们潜在的智能、勇气被激发，更加努力以实现更加光彩夺目的人生目标。

约翰·坦普顿生于美国田纳西州东南部小镇温彻斯顿。在那里，他度过了童年，那里被诗人誉为“心灵地图上的一枚邮戳”，深厚的文化底蕴、悠久的历史，对他的一生产生了深远的影响，命运之神向其打开了通往心灵良善与个人进步之门。

20 世纪 30 年代，他进入耶鲁大学，在这里开始了他的青葱岁月，此时的他显示出对讯息的强烈渴求，开始涉猎研究评断公司财务。可是当时的美国陷入了经济危机，于是在大学第二年，由于家境局限，学费已无从供给。但是约翰·坦普顿却没有向现实低头，为了实现自己的梦想，他更加努力地学习，用奖学金和兼职工作完成了学业，顺利取得耶鲁大学经济学学士学位。经济上的拮据，让他变得更加乐观，不屈不挠，懂得居安思危、长远考虑事情。

不久，约翰获得了著名的路德奖学金，进入牛津大学巴里奥尔学院深造，两年后获得法学博士学位。牛津大学的风气更加开放，教育更加国际化，在那里，约翰·坦普顿更加游刃有余，迅速地成长，不仅结识了良师益友，还培养了他敏锐的观察力、有效的动手能力及判断力。这一切，正是一个优秀证券投资者必备的素质。

生活的磨难，对他之后的发展产生了深远的影响，让他懂得如何从失望中寻找希望，而这正是一个卓越的投资人应当具有的品质，所以他最拿手的投资法之一便是逆向投资法，即在大众最为悲观绝望时进场，在最为狂喜雀跃时出场。

毕业之后，他回到田纳西州进入美林证券公司前身之一的一家证券公司工作，之后随公司一起来到纽约，并在华尔街继续开拓自己的事业。27岁时，他组建了自己的公司，虽然当时的顾客只有5人，但是10年之后，发展到了100多万人，公司管理的资产也超过3亿美元。

28岁的时候，约翰面临重大选择。公司有一名资深职员要退休了，他有8个很有实力的客户，他提出以5000美元转让给约翰。在当时，5000美元几乎是约翰全部的财产，万一失败，约翰就会一贫如洗。而且，还有一个很严重的隐患，就是这些客户转过来后能否留住还不能确定。

但是实现梦想的雄心战胜了一切。他接受了这8名客户，并且立即前往拜访，坦率而诚挚地向他们说明了自己的梦想与计划。客户们被他的热情与直率感动，纷纷表示可以留下观察一段时间。坦普顿以这8位客户为基础，使其投资功力开始受到肯定，新客户与钱财开始滚滚而进。

约翰·坦普顿的经历告诉我们，仅有梦想是不够的，还要有坚持下去的毅力和决心，并为之不畏艰辛地奋斗，让梦想和现实同步，天再高又怎样，踮起脚尖就能更接近阳光。

冰心说："成功的花儿，人们只惊羡与现时的明艳，然而当初它的芽儿浸透了奋斗的泪泉，洒遍了牺牲的血雨。"当我们在羡慕、敬佩成功者时，有没有想过他们奋斗的足迹是否伴随血迹。他们付出的远比你看到的多，也许当你在充满阳光的屋子里喝咖啡时，他们在风雨兼程；当你在享受闲暇浪漫时，他们在刻苦钻研；当你和朋友家人觥筹交错时，他们在跋山涉水。

不是每颗种子落地都能发芽开花，但是如果不努力冲破土壤的束缚，就永远见不到阳光；不是每条小船都能到达彼岸，但是如果不下水搏击风浪，就只能永远在平静的港湾里叹息。所以有梦想就要付诸行动。

怀才不遇者如何显身手?

社会上有很多因对现状不满而抱怨自己怀才不遇的人。而这些人都有一些共同的特质：一味地抱怨没有受到公平的待遇，消极地对待工作。其实怀才不遇是一种心理状态，几乎每个人都会经历。在这个时期，最关键的是心态的调整，把自己心态调整到最平和的状态。易经上说：“君子藏器于身，待时而动。”是金子总会发光的，韬光养晦也是成功的重要因素。

“枪打出头鸟”的观念在中国深入人心，它甚至可以支配人们的行动。“出头鸟”由此也成了贬义词——形容那些狂妄自大、目中无人、爱出风头的人。“低调”“逆来顺受”逐渐成了“职场圣经”的关键词。敢于表达自己的想法、敢于去实践自己想法的人越来越少。职场如战场，虽然没有硝烟弥漫，也没有厮杀连天，但是如果你想有机会展示自己，赢得别人的认同，脱颖而出，就必须修炼一门过硬的本领，在关键时刻，表现出自己的实力，获得大家的肯定。

据《史记·孟尝君列传》记载：战国时，齐国的孟尝君喜欢广招门客，号称门客三千。他对门客来者不拒，有才能的让他们各尽其能，滥竽充数的为他们提供食宿。在众多门客中有两个一直默默无闻，经常受到其他门客的嘲讽。

一次，孟尝君率领众门客出使秦国。秦昭王将他留下，让他当相国。不久，有大臣劝秦昭王说：“留下孟尝君对秦国是不利的，他出身王族，在齐国有封地，有家人，怎么会真心为秦国办事呢？”秦昭王觉得有理，便改变了主意，把孟尝君和他的手下软禁起来，准备找个借口杀掉他们。

孟尝君知道后找到秦昭王最宠爱的妃子，向她求救。妃子答应帮忙，但是有一个条件：用齐国天下无双的狐白裘（用白色狐腋的皮毛做成的皮衣）做报酬。孟尝君听到后面露难色，因为到秦国后，他把这件狐白裘献给了秦昭王。就在这时，有一个门客说："我能把狐白裘找来。"说完就走了。原来这个门客最善于钻狗洞偷东西。他轻而易举就进了贮藏室把狐裘偷了出来。妃子见到狐白裘高兴极了，于是兑现了承诺，说服了秦昭王，释放了孟尝君，并准备过两天为他饯行，送他回齐国。

孟尝君怕有变数，被释放后立即率领手下人连夜逃走。到了函谷关（在现在河南省灵宝市，当时是秦国的东大门）时正是半夜，按秦国法规，函谷关每天鸡叫才开门。孟尝君恐怕追兵赶到，万分着急，门客中有个人会学鸡叫。于是他学起了鸡叫，一会儿附近的鸡随着一起叫了起来，守关的士兵虽然觉得奇怪，但也只得起来打开关门，放他们出去。

而这两个在关键时刻立功的门客，正是之前常被大家嘲笑的那两个人，但是经过这件事之后，他们赢得了尊重。

是金子总会发光的，这个世界没有真正的怀才不遇。如果你是千里马，早晚会遇到你的伯乐。因为你的才能可以被忽略却不能被磨灭，所以总会有一天被他们认同。

一个人之所以处在这个位置，一定有它的原因。如果你只知道一味地抱怨，而没有自我反省，寻找问题的症结，没有打造出自己的不可替代性，没有成为公司的关键灵魂，那么你只能继续失意。想要脱颖而出，就要用行动代替抱怨。

文艺复兴时期，伟大的画家、雕塑家米开朗琪罗在一次修建大理石石碑时，同他的赞助人教皇朱里十二世发生了激烈的争吵，米开朗琪罗非常愤怒，扬言要离开罗马。当时所有人都以为朱里十二世会怪罪他，但出乎意料的是，教皇极力挽留他。这是因为教皇知道米开朗琪罗一定可以找到新的赞助人，但他永远无法找到另一个米开朗琪罗。米开朗琪罗在教皇眼中是一个不可替代的人。由此可见，想要成功，就要学会在关键时刻展示出自己的过人本领，在关键时刻做一个不可替代之人。

在职场中，如果你能做到无可替代，那么你就成功了一多半。所谓“一招鲜，吃遍天”，把自己的特长发挥到极致，能在关键时刻发挥作用的员工，必然会得到老板的赞赏和重用。

第二章 情商高的人懂得把握做人的分寸

做人切忌恃才自傲，得理不饶人，锋芒太露容易遭到嫉恨，更容易树敌。所以才华显露要适可而止，要掌握低调隐忍的做人哲学，多一些深思熟虑，少一些锋芒毕露。

有一种智慧叫大智若愚

“难得糊涂”是清代书画家、文学家郑板桥题过几副著名的匾额中最为脍炙人口的一幅。做人不可斤斤计较，不可老想着算计别人。偶尔糊涂也未尝不是好事。当然这里的糊涂指的是一种处世态度。

有些人自认为聪明，事无巨细、斤斤计较，觉得自己凡事能够一针见血、入木三分，殊不知这种行为实际上是大愚蠢，还会因小失大，这样的例子简直举不胜举。他们甚至嘲笑那些表面为人马马虎虎、不喜计较、和善易处的人，却不知有一种智慧叫作大智若愚，糊涂并不是无智，相反它是隐藏着的智慧；糊涂不是无能，相反它是人类的潜能。这些人一旦遇到原则问题会毫不含糊，据理力争，决不退让，必要时懂得因大而弃小。

由是观之，难得糊涂是一种科学、智慧、艺术的处世之道。所以，一律糊涂，不可取；每事糊涂，要不得；该糊涂时则糊涂，能糊涂就糊涂，不该糊涂则旗帜鲜明，执着坚持才是我们最高的人生境界。

周定王二年，楚庄王经过艰苦作战，平定了叛乱，大摆酒宴，招待群臣，欢庆胜利，名曰“绝缨之宴”。朝堂上下兴致都很高，觥筹交错，轻歌曼舞，饮至黄昏，兴犹未尽。于是楚庄公命人点燃灯烛，继续宴会，直至大家尽兴为止。为了助兴，他还叫来他的宠姬许姬为大家献舞，席间忽然吹来一阵大风将灯烛吹灭了，席上一位官员乘机揩油，摸了许姬的玉手，许姬一怒之下扯断了他的冠缨。

许姬怒气冲冲地回到楚王身边，附耳对楚王说：“刚才有人乘黑调戏我，我扯掉了他的冠缨，等一会点起灯烛，就知道是谁了。”

楚王听了后，下令宫人暂时不要点灯烛，然后对百官说：“寡人今晚务要与诸位同醉，来，大家都把冠缨除下来痛饮。”

宫宴散了之后，许姬怪楚王不给她出气，楚王笑道：“此次宴会，目的在狂欢，酒后狂态，乃人之常情，若要追究，不仅群臣会不欢而散，还会显得我胸怀和度量太小，那以后谁还会为我拼死效力呢？”许姬听后，恍然大悟，对楚王佩服不已。所以这次宴会又被称为“绝缨宴”。

几年之后，楚庄王兴兵伐郑，前部主帅的副将唐狡自告奋勇率百余人充当先锋，为大军开路。唐狡与众士卒奋力作战，以死相拼，过关斩将，终于杀出一条血路，直逼郑的首都，使楚军声威大震，后续部队兵不血刃杀到郑都。庄王要厚赏唐狡，他辞谢说：“绝缨宴上，扯许姬衣袖的正是下臣，蒙大王不杀之恩，所以今日舍身相报。”庄王听后感慨万千。

在人的一生中，总会遇到令人尴尬的境况，最好的办法就是借助于“糊涂”让事情暂且过去。“吃点小亏”，做出“退却姿态”，不仅可以让你有更多的时间去享受人生，还具有“保护自己”的功能。

张作霖出身贫寒，后投身绿林，借助协助清廷剿灭土匪起势，后又消除蒙患，维护国家统一，逐步提升，成为北洋军奉系首领，他强烈主张抵御日本侵略，拒绝签订卖国条约，这一点深得人心。日本人却对他痛恨之极，总找机会挑衅。在一次宴会上，日本浪人故意刁难他，让他鉴赏画作。大庭广众之中，“盛情”难却，张作霖吩咐人笔墨伺候，挥毫写下一个“虎”字，然后得意地写上落款“张作霖手黑”，钤上朱印。但是张作霖身边的秘书却发现了字画中的落款“手墨”怎么成了“手黑”于是悄悄地凑到张作霖身边低语道：“大帅，您写的‘墨’字下面少了个‘土’，‘手墨’变成了‘手黑’。”张作霖听到后尴尬不已，但是又不能当众修改，那太丢面子了。

但是这点小事怎么能难倒张作霖，他灵机一动，大声呵斥道：“我是傻子吗，我故意写成这样的，因为这是日本人索要的东西，就是不能带‘土’。这就叫作‘寸土不让’嘛。”语音刚落，满堂喝彩。那几个日本浪人领教了张作霖的厉害，只好悻悻退场。

张作霖揣着明白装糊涂，不但避免了尴尬，还赢得了他人的尊重。可见，有时候糊涂是一种大智慧，可以为我们化解那些难以处理、难以解决的矛盾和冲突。所以“难得糊涂”历来被推崇为高明的处世之道。“明者远见于未萌，智者避危于无形”，难得糊涂是一种取得胜利的策略。所以，做人切忌恃才自傲，得理不饶人，锋芒太露易遭嫉恨，更容易树敌。

自大要不得

大家都知道过犹不及的道理，自信也要掌握好度。过于自信就会目空一切，听不进别人的意见和建议，不能科学、冷静地思考分析事情，容易迷失自我、迷失方向。所以我们要时刻提醒自己，不要盲目地“自信”，因为盲目地“自信”并不是本质上的自信，而是自大。金无足赤，人无完人，要多看看自己的不足，做事之前权衡利弊，将可能出现的弊端和后果都考虑在内。

如果你盲目地自信，那就危险了。自信过头是自大，自大多一点就是“臭”。因为自大的人，会夸大自我肯定，放大自己的真实能力，永远带着无知者无畏的骄傲。

我们常说“人贵有自知之明”，这里的自知是指不盲目、不狂妄。但是自信过头的人，惯于盲目地自我肯定，自视过高，总认为自己比别人强很多。这种人固执己见、唯我独尊、刚愎自用、盲目乐观，久而久之，不思进取，经常沉湎于往日极少的胜利之中，听不进他人的意见，最终自大成了他们人生的绊脚石。历史上有很多这样的惨痛经历：项羽因自大而垓下惨败，关公因自大痛失荆州，拿破仑因自大而被囚爱尔巴岛……

拿破仑在临死前说：“我真正的光荣并非打了40次胜仗，滑铁卢之战抹去了关于这一切的记忆。”滑铁卢之战是拿破仑战争中的最后一次战役，是拿破仑帝国覆灭的标志，也是军事史上最著名的战役之一。对拿破仑在滑铁卢战役的失败原因，历来众说纷纭。但是有一点不可否认，那就是拿破仑帝国的毁灭和他的自大脱不了关系。

在战役当中，他在指挥过程中出现了多次重大失误，但是他毫不在意，一意孤行，不能实事求是地看待战争的变化，以为自己会继续胜利，因而忽略了战争中的一些细节，最终酿成大错。

好高骛远是自大者的通病，他们高估自己的实力，目空一切，让很多唾手可得的成功机会白白地溜走。所以说认识到自己的不足，是好事；得到别人的提醒，是庆事。做到自信而不自负，不仅自己开心，身边人也高兴。

汉朝的时候，在西南方有一个叫夜郎的国家，国土面积很小，子民也很少，而且没有什么物产，但是因为其周边的比邻国国土面积更小，人口更少，加之夜郎国的国君从没有离开过境内，所以他认为夜郎国是全天下最大的国家。

有一次，夜郎国的国王在巡查边境时，问跟随左右的人："你们可知哪个国家最大呀？"部下们为了迎合国王的心意异口同声道："当然是夜郎国最大！"国王又抬起头来，望着前方的高山问："天底下还有比这座山更高的山吗？"左右回答说："天底下没有比这座山更高的山了。"他们来到河边，国王又问："这可是世界上最长的河川？"侍从仍然异口同声地回答说："大王说得一点都没错。"从此以后，国王更加坚信夜郎是世界上最大的国家了。

汉武帝派使节到西南探寻由长安到今印度的通道，经过长途跋涉，使者到达了夜郎。无知的国王不知道自己的国家只有汉朝的一个县那么大，还大言不惭地问使者："夜郎和汉朝哪个更大啊？"

通过这个故事，我们可知，自大是万万要不得的，只会让你在判断事情时犯错误，让人贻笑大方。我们应该在自信的同时，不断警醒自己不要骄傲自大，时刻保持谦虚的心态，努力向身边的人学习。这样才能不断进步，不断完善自我，越来越接近成功。

别让骄傲封死了前进的道路

在人生旅程中，我们得到的不仅会有赞赏，还会有诋毁。想要有所成就，就要超越这些表面的东西，勇往直前。但是有些人能够耐得住寂寞，却不一定能够守得住繁华。当成功的光环笼罩着你时，你要如何对待呢？是一如既往地谦虚谨慎，信心满满地向下一个更高的目标前进，还是会守不住内心，骄傲自满，让自己最终止步不前？

骄傲和虚荣是孪生兄弟，所以只要愿意，我们总是能够轻易地找到骄傲的理由，哪怕是一件新衣服，一种新发型也能让人产生这种情绪，但是骄傲并不会和虚荣如影相随，即使你已经放弃了虚荣心，仍然会因为各种原因骄傲。

骄傲像一只怪兽潜藏在人的意识里，在不知不觉间，将“恩泽”惠及所有人，然后让人们在无意识间以不同的方式和手段表露出来。所以人们总是会看到身边人的骄纵，觉得被别人的骄傲冒犯，却忽视了自身也存在同样的品性。

骄傲会给我们的生活和工作带来很多弊端，但是最危险的莫过于让我们变得盲目、无知，不思进取。因为骄傲，我们看不到前面还有更美的风景，还有更高的山峰等待我们去攀登。骄傲是阻碍我们进步的大敌，是人生路上的绊脚石。但是并非所有人都需要摒弃骄傲的情节，那些真正有卓越才能和表现的人有资格骄傲，但是这些人却无一例外地具有另外一种美德——谦虚。如果你不具备资本，那么你的骄傲只能是虚荣。

被称为“俄罗斯诗歌的太阳”的普希金，很小就展现了他的才华，尤其是在诗歌创作方面。他从 12 岁开始文学创作，诗歌韵文的优美和精巧得到了身边人的赞赏。为此他的父亲很是自豪，带着他四处走亲访友，而好友们也被普希金的天资聪颖折服，于是普希金被赞扬包围，他的父亲也毫不吝啬自己的夸奖。普希金为此特别得意，开始变得傲慢。

母亲很快发现了普希金的变化，于是对丈夫说：“以后不能在当面夸奖他了。”

父亲很不解地问道：“他的天赋和才华不值得赞赏吗？”

母亲说：“孩子能有这样的表现固然可喜，适当的称赞是没有关系的，但是如果表扬得太多，会适得其反，你不觉得他现在比之前变得傲慢而且虚荣了吗？”

父亲脸泛难色：“那我们应该怎么办？即使我们不这样做，别人也会这么做的。”

母亲说：“你去跟你的朋友们解释一下，我相信他们会理解的。”

在父母的努力，朋友的配合下，小普希金很少再听到赞扬，对此，普希金刚开始很不习惯，甚至有点沮丧，怀疑自己的才华是不是已经消失了，再提不起精神学习。他的母亲留心观察他的情绪变化，时不时地给他关怀，带他去郊游，让大自然优美的风景抚平孩子低落的情绪，并时常在恰当的时机和他讨论荣誉问题。

母亲问他：“孩子，你将来想做一个让人们敬仰的人吗？”

小普希金看着母亲答道：“当然想啊！”

母亲说：“那么你就不应当在意别人对你的评价。”

普希金茫然地问：“为什么呢？”

母亲说：“他们的赞扬并不能让你更有成就，相反，还会阻碍你的发展，因为妈妈发现你因为这些赞扬自满了。”

普希金认真地问：“那我应当怎么做呢？”

母亲说：“忘记你听到的一切，无论是赞扬还是诋毁。如果想要有所成就，就必须抛弃这些表面的东西。”

普希金点头说：“我知道了，妈妈。”

和母亲畅谈之后，普希金很快走出阴霾，摒弃杂念，将精力投入到了学习中，表现也更加出色。虽然之后，他得到的赞扬声更多，但是他依旧静心读书，安于淡泊，因为对他来讲只有诗歌才是他生命中最值得追求的东西，只有这样的生活才让他觉得幸福。

他一生的成就得到很多人的赞扬。高尔基曾指出：“普希金的创作是一条诗歌与散文的辽阔的光辉夺目的洪流。此外，他又是一个将浪漫主义同现实主义相结合的奠基人；这种结合赋予俄罗斯文学以特有的色调和特有的面貌。”普希金的同时代人和好友果戈理也曾说：“一提到普希金的名字，马上就会突然想起这是一位俄罗斯民族诗人。他像一部辞书一样，包含着我们语言的全部宝藏、力量和灵活性。在他身上，俄罗斯的大自然、俄罗斯的灵魂、俄罗斯的语言、俄罗斯的性格反映得那样纯洁，那样美，就像在凸出的光学玻璃上反映出来的风景一样。”

在某个方面或领域有卓越成就的人可以以此为傲，骄傲是人难免的情绪，但是却要掌握好度，太过就会变得高傲，目中无人，让人厌烦。人外有人，太过骄傲只能自取其辱。

所以说，做人最忌骄傲自满，一个人的力量是有限的，个人的成就中包含着别人的支持和帮助，成功的时候不要忘记感谢他人的帮助和付出。否则，只能让别人觉得你过于傲慢，最终会因骄傲而封死了前进的道路。

刚愎自用危害多

古人修身养性注重“满招损，谦受益”，其实这对现代人来讲也很重要。只有虚怀若谷，才能尽可能地吸收知识，容纳各种有益的意见，从而使自己充实丰富起来。有见地、有预测的人能坚持自己的想法是很好的事，如果过分自信，完全听不进别人的意见，将自己的思想用铜墙铁壁围起来，那么就是刚愎自用了。

刚愎自用的人有很多独特的表现，如思想顽固、守旧、偏执、自尊心强、不容他人冒犯，即使是好心的建议也会被当作故意的挑衅；对于某种理念，过于专注，认准了的事，就坚持到底，死不回头；具有自我崇拜思想，在他眼里其他人或事都是无足轻重；好大喜功，喜欢自我肯定、自我表彰，有一点小成绩都会自我膨胀、沾沾自喜、到处表功，唯恐他人不知道；从来不认错，对自己的眼光和能力从来都不怀疑，即使明知道错了也不会承认。

下面这个故事很好地诠释了刚愎自用的危害：

小山和小水是一起长大的朋友，由于家乡过于落后，他们打算结伴外出谋生，于是变卖了家产，牵着驴出发了。

他们抵达的第一站盛产麻布，小水对小山说：“麻布在咱们那里是畅销品，不如我们将钱都换作麻布，然后带回去卖，也许可以大赚一笔呢！”小山觉得有道理就同意了。两人买了麻布，细心地捆绑在驴背上。

他们到达的第二站盛产毛皮，但是麻布却是稀缺货，小水就对小山说：“皮毛在咱们那里更受欢迎，不如我们将麻布就地卖掉，然后换成皮毛，这样的话，我们的本钱可以收回来，而且还能买到皮毛回去狠赚一笔。”

可是这次小山犹豫了，他说：“还是算了吧，搬来搬去的太麻烦了。”

小水将麻布卖掉小赚了一笔，然后去买了皮毛，驮到驴背上。

之后他们到了一个以生产药材为主的地方。那里气候寒冷，但是又不擅长生产做衣服的原料。小水发现了商机，于是他对小山说：“看到了吧，我们的货物他们很需要，现在出手肯定能卖个好价钱，而且咱们那里药材奇缺，我们在这里以低价买他们的药材回去卖，肯定很赚钱。”

可是小山依旧懒懒地说：“不必了，搬来搬去太麻烦，我要麻布就好了。”

小水把毛皮都换成药材，又赚了一笔钱。小山依然只有一驴背的麻布。

他们的最后一站是一个盛产黄金的城市，这里除了金矿一无所有，采矿的时候难免受伤，但是却缺少药材，当然也缺少衣料。于是小水建议将手里的货物换成黄金。但是小山依旧无动于衷，于是小水独自出去将药材高价卖掉，低价买了黄金。小山依然守着一驴背的麻布。

回到家乡之后，小山卖了麻布，只得到蝇头小利，而小水却带回来大笔的财富，成了当地的富豪。

从上面的故事中可以悟出，刚愎自用、坚持自己错误的观念是一种非常可怕的事情。它可以使人与机遇擦肩而过，离真理越来越远，离逆境越来越近。

人不怕不聪明，就怕太聪明

在《中庸·聪明反被聪明误》中，孔子如是阐释聪明反被聪明误："人皆曰'予知。'驱而纳诸罟擭陷阱之中，而莫之知辟也。人皆曰：'予知。'择乎中庸，而不能期月守也。"意思是说："人人都觉得自己聪明，可是被驱赶到罗网陷阱中去却不知躲避。人人都觉得自己聪明，可是选择了中庸之道却连一个月也坚持不了。"

毋庸置疑，每个人都想用自己的聪明才智征服对手，得到周边人的认可，但是表现聪明才智是一个"技术活"，如果不知适可而止，容易走极端、走偏锋，聪明反被聪明误。如若好胜心难以满足，欲壑难填，结果会越走越远，不知不觉间放弃了适可而止的初衷，惹来一身的麻烦。杨修就是我们的前车之鉴。

杨修生在乱世，学问渊博，极聪慧，任丞相府主簿。史载："是时，军国多事，修总知外内，事皆称意。"对他的才能曹操有时也自叹不如，所以很看重他，想委以重任，但是杨修恃才放旷，屡屡犯曹操忌讳。

建安二十四年（公元219年），刘备进军定军山，黄忠杀死了夏侯渊，曹操亲自率军到汉中和刘备决战，但蜀兵据险固守，战事不利，魏军进退两难，此时的曹操犹豫不决，前进困难重重，撤退又怕被人耻笑。

一天晚上，护军来请示夜间的口令，曹操正在喝鸡汤，就顺便说了"鸡肋"。杨修根据魏军当时的处境和鸡肋"食之无肉，弃之有味"的特点，将二者联合起来推断出了曹操已有退兵的打算，便不等上级命令，教随从军士收拾行装，准备撤退。曹操知道后以惑乱军心为名杀了他，并把首级悬挂在辕门之外，警戒三军。

有人说，曹操是因为嫉妒他的才能才会杀他的，但是我们试想一下，曹操手下，谋士能臣犹如过江之鲤不可胜数，奇变横生的贾诩，深通兵法和政治的荀彧、荀攸叔侄，有胆有谋的程昱等等，这些人在军事和政治上的能力远过于杨修，为什么偏偏他遭猜忌以惑乱军心之罪被杀呢？因为他自作聪明地参加了曹操的立储之事，揭露曹丕密请吴质的事件，帮助曹植拟写“答教”，能事先预测出曹操欲问之事，不看场合，无视别人的好恶，只管卖弄自己的小聪明，必将成为这场斗争的牺牲品。曹操为身后接班人的安危考虑必定会杀掉他。所以李贽才在点评《三国演义》时写道：“凡有聪明而好露者，皆足以杀其身也。”

在现实生活中，像杨修这种喜欢要小聪明的人随处可见。但是如果事事都要聪明，就是愚笨了。而真正的聪明人能够充分地认识自己，明确自己应该具备的能力，面对问题冷静判断，量力而行。所以那些被认为聪明的人往往一事无成，并不是因为不够聪明，而是因为聪明过了头。

培根说：“生活中有许多人徒然具有一副聪明的外貌，却并没有聪明的实质——‘小聪明，大糊涂’。”有时候危险是随着智商与社会地位的提升而水涨船高的。你越聪明、成就越高，危险就越多。心者万物之源。没有必要总是要向他人强调自己的聪明，更没有必要利用所有可利用的以及不可利用的机会向众人表现你的聪明。

总之一句话，人不怕不聪明，就怕太聪明，聪明一过头就会盲目，会目中无人，不知天高地厚，忘乎所以。古今中外，祸者绝大多数都是精明人，唯恐不能精明到极点，其实是愚蠢。做人要扎扎实实、诚诚恳恳，就如一首歌中所唱的“聪明反被聪明误，憨人老实人生路”一样，把你的聪明发挥得恰到好处，千万不要聪明反被聪明误，累己累人。

除了你自己，没人能打倒你

契诃夫说："困难与折磨对于人来说，是一把打向坯料的锤，打掉的应是脆弱的铁屑，锻成的将是锋利的钢刀。"人的成长，就是同困难和挫折斗争的过程。不曾经历风雨的人生，根本不算是完整的人生。所以逆境并不可怕，可怕的是失去对成功的期待与坚持。而且任何的限制，都是从自己的内心开始的，所以对人生起决定作用的是内因，只要你不被自己打倒，逆境就会变成顺境。

如果一个人的选择进入的是良性循环的轨道，他会变得越来越成功。但如果顺着原来错误的路径往下滑，那就只能在"自我设限"中打转。生物学家曾做过这样一个有趣的实验：

他们将跳蚤放到一个玻璃杯里，跳蚤是跳高的高手，跳起来的高度是跳蚤自身身高的100倍以上，称得上是动物界的跳高冠军，所以它们轻而易举地跳出了杯子。生物学家将这个实验重复了多次，但是得到的结果都一样。

接下来，生物学家把这些跳蚤再次放进杯子里的同时在杯口加了一个玻璃罩，但是跳蚤没有发现变化，于是努力地想跳出杯子，结果"嘣"的一声，跳蚤重重地撞在玻璃罩上。碰壁的跳蚤十分困惑，但是本能让它们没有办法停下来，于是继续跳。一次次起跳，一次次碰撞，它们终于变聪明了，开始根据玻璃罩的高度来调整自己所跳的高度。一段时间之后，它们终于找到了跳跃的合适高度并适应了这种高度，再也没有撞到玻璃罩，而是在罩下自由地跳动。

几天后，生物学家悄悄地拿掉了玻璃罩。但是跳蚤并不知道玻璃罩已经被去掉了，按着原来的高度继续跳跃。一周后，那些可怜的跳蚤还在没有罩的玻璃杯里不停地跳动——其实它们已经无法跳出这个玻璃杯了，从跳蚤变成了可悲的“爬蚤”！

后来，生物学家在玻璃杯下放了一个点燃的酒精灯。当玻璃杯被烧热后，跳蚤感应到了危险，求生的本能让它们再也不会顾忌头是否会被撞痛（因为它们都以为还有玻璃罩），奋力跳起，结果全都跳出了玻璃杯。

跳蚤变成“爬蚤”并不是跳蚤本身已失去跳跃的能力，而是由于一次次受挫后学乖了、习惯了、麻木了。现实生活中，有许多人也在过着这样的跳蚤人生。他们曾经意气风发，想要成就一番事业，但是往往事与愿违，屡屡失败。几次失败以后，他们便开始怀疑自己的能力，把过去的失败牢牢地刻在记忆中。让失败的阴影蒙蔽了双眼和心灵，看不到形势的变化，以为过去办不到的事情，今天同样也办不到。即使一再降低成功的标准，还是不敢努力向前，不敢冲破自我限制，常常是在距离成功只有一步之遥的地方停止了前进的步伐。有的人甚至产生了绝望、抑郁、意志消沉的情绪，从而错失下一次机会，生活在失败的阴影中，找不到成功的出路。

“自我设限”成为很多人无法取得成功的根本原因之一。不是没有成功的机会，而是他们不敢追求成功，并经常给自己心理暗示：这件事是没有办法做到的。没有出发已经判了自己死刑。其实，成功并没有想象中的那么难，“高度”并非无法超越，只是我们无法超越自己的思想限制罢了。因此，我们在工作中遇到了挫折或困难，不应被吓倒，而要考虑如何从挫折中解脱出来。

如果你认为自己会失败，那你必败无疑。如果你自惭形秽，那你就一定不会成为强者。实际上，那些我们觉得无法逾越的障碍，其实都是“纸老虎”，只要我们鼓足勇气去克服，就会发现它并没有想象中那么难。你需要的只是调整心态，走出失败暗示的心理阴影，所以在没有结果前，不要轻易放弃任何一个机会。

林肯在给马维尔的信的末尾写道：“有些事情一些人之所以不去做，只是因为他们认为不可能。其实，有许多不可能，只存在于人的想象之中。”只要你走出自我限制、相信自己、想着成功，成功的景象就会在内心形成。如果你认为自己仍屹立不倒，那你就真的屹立不倒。如果你想赢，但又认为自己没有实力，那你一定不会赢。

小不忍，则乱大谋

忍辱负重是成就事业必须具备的基本素质。能在各种困境中忍受屈辱是一种能力，并且在此能力上负重拼搏更是一种本领。

人们将涵养和行事风格作为评价一个人的标准，来判断其人是否为可塑之才，是否具有大将之风。因此要成为非凡的人，除了常识和能力之外，还必须具备操控情绪的能力。于是遇事冲动，并且以某种极端手段处事的人，绝不是一个有修养的人；不能顾全大局，只在小事上争论长短的人，绝不是一个能成大器之人。可谓：一个人的涵养来源于他的修养，有修养之人都懂得控制情绪。

唐朝第三个皇帝高宗即位后，一直受到皇后武则天的牵制。有一次，高宗在巡幸途中，遇到一个好几百人同堂的大家族。族人生活在同一屋檐下，十分和睦，这在当时实属少见。因此，高宗特地前去拜访，向他们请教家族和睦的秘诀。

于是族长取来纸和笔，一连写了一百多个“忍”字。高宗看后深有同感。

由此可见，“忍”是天下修养第一功。无论你是位高权重者，还是平民百姓，都必须学会忍让。切忌不可因一时之怒气而毁掉大好前程。

三国时，诸葛亮辅佐刘备，立志要收复中原。他六出祁山，攻打魏国。一次，诸葛亮出兵伐魏，进军至五丈原。司马懿率军渡过渭水，筑垒抵御。当时，蜀国大军出动，粮草有限，利在速战，司马懿则坚守不出，以待时机。为了激怒司马懿出战，诸葛亮心生一计，派人给他送去了妇女的服饰以侮辱他，讽刺他胆小如女人。

但大都督司马懿多谋善变，遇事极为冷静，很少受情绪的左右，所以看到后佯装恼怒，却始终按兵不动。诸葛亮用尽了各种手段来羞辱司马懿，但是司马懿总是置之不理。诸葛亮无可奈何，每次都只能无功而返。最后，诸葛亮见同魏军长期相持，难以取胜，心力交瘁，加之过度操劳，病死在了五丈原军营中，蜀军只好退走。后来，唐朝的大诗人杜甫也为他惋惜说："出师未捷身先死，长使英雄泪满襟。"司马懿能够忍，所以没有给诸葛亮可乘之机。

生活中，面对不同的环境，不同的对手，采取何种手段固然重要，但如何控制好自己的情绪也至关重要。情绪不仅是一种感情上的表达，还是攻防中常使用的武器。有时候，掌控不住情绪，会搞得场面十分难堪。情绪处理得好，可以将阻力化为助力，甚至会帮你化险解危。

秦灭六国后，身为韩国世袭贵族的韩信沦落街头，过着食不果腹、斯文扫地的生活。有一天他身佩长剑来到一个集市，突然有一群青年拦阻了他的去路，其中一人对韩信说："我看你长得人高马大，还佩带长剑，装得像个英雄好汉，其实你只是一个胆小鬼。"众人听了哈哈大笑，那人更加来劲了，缠住韩信不让他走，还坚持说："假如你不怕死，那就刺死我；不然，就从我的胯下爬过去。"韩信动了拔剑除霸的念头，但想起自己灭秦雪耻的理想，最终隐忍不发，仔细注视了他一会，俯下身子从对方的胯下爬了过去。集市上的人都讥笑他，以为韩信的胆子真的很小。这就是历史上流传的关于韩信受"胯下之辱"的故事。

韩信并不是胆怯，而是看清局面的睿智。对一般人来说，忍耐是一种美德，对成功者来说，忍耐却是必须具备的品格。

宋代著名大文学家苏东坡在评论楚汉之争时曾说：“汉高祖刘邦所以能胜，楚霸王项羽所以失败，关键在于能忍不能忍。项羽不能忍，白白浪费自己百战百胜的勇猛；刘邦能忍，养精蓄锐，等待时机，直攻项羽要害，最后夺取胜利。刘项之争，从多方面说明了这一点。刘邦之所以成大业是他懂得忍下人之言，忍个人享乐，忍一时失败，忍个人意气；而项羽什么都难忍难容，不懂得‘小不忍则乱大谋’的道理，大业未成身先亡，可悲可叹！”

忍，是一种等待，为图大业等待时机成熟，是一种谋略，是为人处世的策略。它有助于人们在攀登理想境界的征途中，消除情感世界不可避免的潜在危机。因而，对于一个成功的开拓者来说，它既是实现既定目标的保证，又是取得更大成功的起点。由此可见，忍乃人的一大智慧。

朋友对你影响有多大？

很多人都会对“你有没有朋友？”这个问题嗤之以鼻，不屑回答。谁没有朋友呢？然而很多人却会对“你有多少朋友？有几个知心朋友？”的问题保持沉默。

俗话说：“在家靠父母，出门靠朋友。”多一个敌人多堵墙，多一个朋友多条路。

“物以类聚，人以群分”，“近朱者赤，近墨者黑”，我们在选朋友时都会首选那些和自己情趣相投的人。所以，我们想要更直接地了解一个人，他的朋友圈可以被作为一个重要的参考标准。法国科学家法拉利曾经说过：“如果你想了解你的朋友，可以通过一个与他交往的人去了解他。因为一个饮食有节制的人自然不会和一个酒鬼混在一起；一个举止优雅的人不会和一个粗鲁野蛮的人交往；一个洁身自好的人不会和一个荒淫放荡的人做朋友。和一个堕落的人交往，表示自身品位极低，有邪恶倾向，并且必然会把自身的品格导向堕落。”

一个人选择什么样的朋友，不仅对自己的生活方式、行为等有着巨大的影响，甚至对学识、情操、品德等也会产生巨大的影响。正如林肯所说：“从某种意义上讲，你选择了什么样的朋友，便选择了什么样的人生。”由此可见，一个人选择的朋友会对自己造成很大的影响。

三国霸主之一的刘备，原本只是一个以卖草鞋为生的小贩。因缘际会地看到城墙上张贴的“朝廷招募英雄豪杰征讨黄巾军”的皇榜，并结识了张飞和关羽。刘备在张飞和关羽的协助下，拉开了霸业序幕。

后刘备听说诸葛亮有大德大才，于是礼贤下士，三顾茅庐，请诸葛亮出山辅佐自己。诸葛亮深为刘备的诚恳所动，为报答刘备的知遇之恩，决心助力刘备成就霸业。正是有了关羽、张飞、诸葛亮等这些忠肝义胆、文武兼备的朋友，刘备最终在巴蜀称王。

每个人交朋友总有自己的标准，但是无一例外地都善交益友、乐交诤友、不交损友。品德高尚的人，历来受人推崇，也是人们愿意结交的对象。魏征就是唐太宗李世民的一位“诤友”，帮助他成就了“贞观之治”，在历史上留下了浓墨重彩的一笔。魏征死后，唐太宗深感悲痛，伤心大哭。

我们在选择朋友的时候，应该选择优秀的人，高尚的人。与这些比自己聪明、优秀和经验丰富的人交往，我们或多或少都会受到感染和鼓舞，增加自身的生活阅历。我们可以根据他们的生活状态跟进自己的生活状态，成为他们智慧的伴侣。

与道德败坏、情趣低俗的人交往，会使自己狭隘无知；与优秀、品德高尚的人交往，你会从他们身上汲取营养使自己得到长足的发展，精神得到升华。

印度传教士马丁就是因为朋友的影响最终改变了他的一生，让他变得更加优秀。

马丁天资愚钝，成绩平平，在老师看来他不适合接受大学教育。但是他的父亲为了让儿子摆脱平庸的命运，最终还是将他送进了剑桥大学，在那里，他结识了一位在初级中学的伙伴。也正是他，改变了马丁的命运。

这位稍长的学生成了马丁的指导教师，帮助马丁应付学业。当时的马丁容易激动，脾气暴躁，还会时不时地发泄自己难以抑制的愤怒；而他这位年纪稍大的朋友却情绪稳定，富有耐心。他时刻照顾、指导和劝勉马丁：不允许马丁结交邪恶的朋友，并要求他认真学习。“这不是要得到别人的称赞，而是为了上帝的荣耀”，这是马丁朋友常教育他的话。马丁在他的帮助下学习进步很快，在第二年圣诞节的考试后他名列年级第一名。后来，马丁成了一位印度传教士，给予很多人以无私的帮助。

先贤孔子曾经说过：“与善人居，如入芝兰之室，久而不闻其香。与恶人居，如入鲍鱼之肆，久而不闻其臭。”墨子的比喻则更为形象，他把择友比作染丝：“染于苍则苍，染于黄则黄，所入者变，其色亦变。五入必而已，则为五色。故染不可不慎也。”与高尚的人在一起，你会受到他的感染，从而使自己也变得高尚起来。

“水至清则无鱼，人至察则无徒。”每个人都不是十全十美的，我们对朋友也不能求全责备。如果人人都要求结交比自己有学问的人为友，那么到头来只能是谁也没有朋友。正所谓“尺有所短，寸有所长”，朋友相交贵在有所助益。

诚如古人说：“砥砺岂必多，一璧胜万珉。”意思是说，朋友不在多，贵在交诤友。如果我们能结识几个诤友，那么前进的道路上，就会少走弯路，多出成果。真正的朋友是人生的财富，他们能以高度负责的态度对朋友坦诚相见，决不粉饰朋友的缺点错误，敢于力陈其弊，促其改之。所以，我们要善于结交诤友。

真正的朋友会真诚地关心你，为你的失误痛心；真正的朋友会直言指出你的盲区和瑕疵，真心希望你成功优秀；真正的朋友就像一面镜子，会帮你认清自我。他们肝胆相照，直言不讳，拥有诤友是我们生命的幸运和福气。

诚信是做人之本

儒家提出了“仁、义、礼、智、信”的“五常”观点，这“五常”贯穿于中国伦理发展的整个过程中，形成了中国价值体系最核心的因素。由此可见，人无信不立。诚信的基本含义是守诺、践约、无欺，是做人做事的根本。一个人只有遵守诺言，才能得到别人的信任，才能赢得别人的尊重。无信的人凭借一时的欺骗和要手段，虽然可以取得短暂的利益，然而时间久了，当这种小伎俩被人识破，他们终将被人们所厌恶、疏远。

一个诚信的人，即便生活贫困，地位卑微，别人依然会对他礼貌有加，充满尊敬。而无信之人，即便位极人臣，也会众叛亲离，落得悲惨的下场。历史上商鞅和周幽王的故事就是很好的佐证。

春秋战国时期，战争频繁、人心惶惶，秦国的商鞅在秦孝公的支持下实施变法。为了树立威信，推进改革，商鞅下令在都城南门外立一根三丈长的木头，并当众许下诺言：谁能把这根木头搬到北门，赏 10 金。围观的人没有人去试，因为他们不相信如此轻而易举的事能得到如此高的赏赐。于是，商鞅将赏金提到 50 金。重赏之下，必有勇夫！终于有人站出来将木头扛到了北门，商鞅立即赏了他 50 金。商鞅这一举动，在百姓心中树立了威信，商鞅接下来的变法也就很快在秦国推广开了。新法使秦国渐渐强盛，最终统一了六国。

颇具讽刺的是，在商鞅“立木为信”的 400 年前，却发生过一场令人啼笑皆非的“烽火戏诸侯”的闹剧。

烽火是古代边防军事通讯的重要手段，只有在外敌入侵需召诸侯来救援的时候才能点燃。周幽王为博宠妃褒姒一笑，下令在都城附近 20 多座烽火台上点起烽火。结果临近的诸侯们见到烽火，以为犬戎打过来了，率领兵将匆匆赶到，没想到赶到那儿，连一个犬戎兵的影儿也没有，只听到山上传来阵阵奏乐和唱歌的声音，大伙儿都愣住了，得知君王这么做只是为了博美人一笑后便愤然离去。褒姒看到平日威仪赫赫的诸侯们手足无措的样子，终于展颜一笑。然而 5 年后，西夷犬戎大举进攻，周幽王烽火再燃而诸侯未到，结果幽王被逼自刎而褒姒也被俘虏。

周幽王烽火戏诸侯，民心尽失，终于国破家亡，被后世传为笑柄；商鞅讲信用，不仅得到了天下人的尊重和爱戴，而且在秦国树立了威望，使得自己的变法成功推行，助秦王建立不世功业，他诚信的美德千古流传。倘若周幽王没有“烽火戏诸侯”，想必也不会那么快落得众叛亲离的下场。

所谓“精诚所至，金石为开”。诚信是一个人的根本，诚信能感化万物，所以我们常说“心诚则灵”。有时候，失信于人或许会让我们找到通往前方的捷径，但是这些利益只能是眼前的，从长远看来，失去得更多。

一个士兵，不善于长跑，所以在一次越野赛中很快就远落人后，只得孤零零地独自前行。转了几道弯后，遇到了岔路口，一条路，标明是军官用道；另一条路，标明是士兵用道。他停顿了一下，虽然对做军官连越野赛都有便宜可占感到不满，但他仍然朝着士兵的小径跑去。半个小时后，他终于到达了终点，但是奇怪的是，终点只有自己一个人。他感到不可思议，自己前面分明有很多人，为什么自己先到了终点。他看向前面微笑着的主持赛跑的军官，而军官没有给他答案，只是笑着恭喜他取得了比赛的胜利。几个钟头后，陆续有人到达终点，他们个个跑得筋疲力尽。原来这些人都在岔路口时作弊了，选择了军官用道。

一个人只有以诚信为准则，才能抵挡生活中的各种诱惑，守住做人的底线。没有诚信的人，往往为了一点蝇头小利便迷失自己，既不兑现对别人的承诺，也不能诚实地对待自己，最终失去了宝贵的品质，也失去了宝贵的机会和财富。有诚信的人，不会为了眼前的利益放弃自己做人的原则，虽然暂时处于较为窘迫的境地，但只要勇敢地坚持这种优良品质，就会走出困境得到加倍回报。而无信的人，即使通过欺骗等手段暂时获得利益，当别人发现他没有诚信时，这些财富也会离他而去。

凡是心中有理想，并为之努力奋斗的人，都会重视诚信的力量。一个对别人失信的人是不会有自信成功的。只有诚挚待人，光明坦荡，才能赢得他人的信赖和支持，为自己的事业和交际打下良好的基础。

诚信如同一块璞玉，可能开始看起来与普通石头无异，然而拥有诚信就如同拥有了一笔宝贵的财富，终有一天，它会为自己带来巨大的收益。而随意丢弃它的人，最终也将得到恶果，即便有心找回，却也没有那么容易。

良好的人际关系对个人的成功十分重要。美国卡耐基教育基金会对成功人士的研究发现，“一个成功的人，15% 靠专业知识，85% 靠人际关系与处世技巧”。因此，想要成功就必须学习建立良好的人际关系。诚信是良好人际关系的基础。人与人之间的交往必须建立在一种互相信任的关系上，这是人们交往的基础。孔子说：“人而无信，不知其可。”诚信是无形的“名片”。古人讲“人之交，信为本”。真诚守信是交往的基本要求，是取得他人理解信任的前提条件，是获得真挚友情、促使交往成功的最好方法。

“谎言”也可以很美吗？

我们常说诚信是做人的根本，是人际交往中必须遵守的原则。然而生活中遇到的事情太过错综复杂，我们应该适当地变通一下以期取得更好的效果，不能太过死板。善意的谎言也是一种很美的交际方式，偶尔使用一些善意的谎言，反而比刻板的真诚更容易让人动心。

善意的谎言和谎言不能混为一谈。因为善意的谎言通常状况下，并非是为了自己的私利而编造出的居心叵测的言语行为，而是为了他人的幸福和希望而忽略了真实的信息。善意的谎言是一种信任，一种理解，一种宽容，更是一种力量。它让人从心中燃起希望之火，让绝望的人重新充满动力。

母亲得了严重的肾病，医生建议换肾。儿子听了医生的话后，去做了配型比对。老人家心疼孩子，强烈反对换肾，还威胁他们说，如果他捐肾她就自杀。无奈之下，大家只好四处发布信息，希望能找到各种条件都比较匹配的肾源。然而这谈何容易？眼看日子一天天地过去，老人家的身体也一天比一天差。为了不耽误母亲的病情，儿子和家人商量后，让他们合伙骗过了母亲，将自己的一个肾脏捐给了她。

手术很成功，儿子的病房就在母亲的隔壁，但是母亲却不知道。母亲想见自己的儿子，家人就骗她说儿子有紧急公务出差了。最后，等母亲康复出院了，家人才告诉她真相，母亲听后不禁潸然泪下。

为了救母亲而撒谎的儿子，谁又会指责他呢？善意的谎言，体现出人性中最宝贵的真善美的部分，让人钦佩，让人感叹。

小丽和小云是工友兼室友。小丽是单身家庭出身的，家境一般，母亲因为父亲的关系经常给她白眼，有时候心情不好了还会拿她出气，所以小丽的性格很孤僻，而且不爱说话。一次小丽生病了，家人却对她置若罔闻，丝毫不给予关心，小丽很伤心，几乎对生活失去了信心。小云看在眼里，很为小丽担心，但是无论小云怎样安慰小丽，小丽的情绪依旧很低落。

小云找来自己的男友帮忙，以小丽同学的口吻给小丽写了一封信。信中写道："其实我很久之前便对你有好感了，可是你却从来没有注意到我对你的在意。别人都说你悲观消沉，沉默少言，可我就是喜欢你的文静，你知道吗？这才是女性的沉稳、温馨之美……只要你对生活充满信心，改变对生活的态度，你的眸子就会放射出光芒来……希望有一天，你会感觉到我的存在。"原来小云是想借别人的鼓励来帮助小丽走出消极的生活状态。

果然小丽收到这封没有署名的来信后，心情十分激动，读完之后甚至露出了羞涩之态。有时候做梦她都在问："你是谁？我怎么不知道这个世界上还有人爱着我？"小丽开始觉得世界是温暖的，对生活也渐渐有了信心。人生价值观发生巨大改变的她，工作也越来越出色，几次被评为劳动模范。一个善良而能干的男人走进了她的生活，他们组成了一个幸福的小家庭。一个善意的"谎言"，让一个对生活失去信心的人获得了新生，重新感受到了世界的美好。

假若小云同小丽一起感慨惆怅，终日沉浸在悲伤之中，一定会饱受痛苦的煎熬，甚至影响到自己对生活的信心。而小云却用善意的"谎言"，让自己的朋友从危机中走了出来，获得了幸福的生活。善意的"谎言"具有神奇的力量，它能鼓舞人不断地努力，向着心中理想的目的地不断前行，未来的道路被阳光普照，生活因此也变得更加美好。

善意的谎言可以帮助我们应对生活中出现的尴尬场面。恰当地说一些善意的谎言，能有效地缓解气氛，让大家不会太难堪。

有一家旅馆要招收一名男性职员，复试时只剩下了 3 个人，面试的过程很简洁，老板只问了一个问题：“假如你无意推开房门，看见女客一丝不挂在淋浴，恰好她也看见了你，这时你会怎么办？”

他们各自在答题卡上写下了自己的答案。

甲的答案是：说声对不起，然后关门退出。

乙的答案是：说声小姐对不起，然后关门退出。

丙的回答则有些让人意外：说声先生对不起，然后关门退出。

最终丙被录用了，原因是他的回答比其他两人更加精妙机智。前面的两个人虽然说的都是实话，可是在那种局面下，这样的实话会让女客窘迫不已，十分尴尬。而丙的这种故作糊涂的做法，让顾客减少了胡乱猜疑，让当时的局面得到了最妥善的解决，可谓是“一箭双雕”。

在现实生活中，善意的谎言必不可少，只要我们运用把握得当，不仅能够极大地推进人与人之间的友谊和情感，还会让我们的生活更加多姿多彩。

学会赞美他人

从社会心理学角度来说，赞美是一种有效的交往技巧，能缩短人与人之间的心理距离。马克·吐温曾经夸张地说：“只凭一句赞美的话，我就可以多活两个月。”可见喜欢被人赞美是人的一种天性。所以我们在希望得到赞美的同时，也需要学会去赞美别人。

赞美，是对对方优良品质、能力和行为的一种语言肯定，是人们对待世界的一种健康心态，是处理人际关系的一种积极态度。有些人会因为得到别人的赞赏和鼓励，取得更好的成就，反之，如果得到消极的期望则会使人自暴自弃，放弃努力。

罗杰·罗尔斯是美国纽约州历史上第一位黑人州长。他出生在纽约声名狼藉的大沙头贫民窟，那里不仅环境肮脏、充满暴力，而且鱼龙混杂，是偷渡者和流浪汉的聚集地。生活在这样的环境中，对很多孩子来讲，逃学、打架、偷窃，甚至吸毒都是家常便饭，所以从这里出去的人很少能找到体面的工作。

物以类聚，人以群分，但是无论多么恶劣的环境总有出淤泥而不染的人存在，罗杰·罗尔斯就是这样的人，他不仅考上了大学，还做了州长。在就职后的记者招待会上，很多记者都对他的成长史很感兴趣，但是罗杰·罗尔斯对自己的奋斗史只字未提，他给记者们讲述了一个对他人生产生重要影响的人——皮尔·保罗。

罗尔斯的小学时光是在诺必塔度过的，那时正值美国嬉皮士流行。皮尔·保罗担任诺必塔小学校长不久就发现情况比他想象的还要糟糕，孩子没有目标，整天无所事事，旷课、斗殴，甚至为了逃避上课经常砸烂教室的黑板和玻璃。为了帮助他们，皮尔·保罗绞尽脑汁，试了很多方法，但是都以失败而告终。

经过长时间的相处，皮尔·保罗发现这群孩子都很迷信，于是他觉得有一个办法也许可以让他们听从自己的劝导——在上课的时候给学生看手相。他希望用这个办法来鼓励学生，帮助他们树立信心，让他们改掉以前的坏习惯。

有一天，当罗尔斯从窗台上跳下来，走向讲台将他的小手伸向皮尔·保罗时，绝对不会想到这会改变他的一生。皮尔·保罗仔细地看过他的手掌后，十分真诚地说："我一看你修长的小拇指就知道，将来你一定会成为纽约州的州长。"罗尔斯听到皮尔·保罗的话后整个人都呆掉了，因为长这么大，他听过最振奋人心的话，就是奶奶说过，他可以成为 5 吨重的小船的船长。可是现在，他有点不敢相信自己的耳朵。但是显然这话对于一个小学生来讲很受用。罗尔斯记下了这句话，并且坚信自己将来一定会成为纽约州的州长。

从那以后，罗尔斯一改之前颓废的作风，时刻以自己认知中的"纽约州州长"的标准来要求自己：衣服干净整洁没有一丝褶皱，不说脏话，远离逃学和斗殴，走路时挺直腰杆，礼貌地和身边的人谈话。这一坚持就是 40 余年，51 岁那年，他终于梦想成真，当上了纽约州的州长。

我们试想一下，如果这位最终实现自己的理想成为州长的顽童，当时没有得到校长的赞美，还有没有可能取得日后的成功？答案不言而喻。

真诚的赞美，正如沙漠中的甘泉一样让人的心灵受到滋润，能给他人带来愉悦，能使他人受到鼓舞，还能够使我们的心灵在欣赏与赞美中得到净化。所以说，赞美是人际关系的润滑剂，可以约束人的行动，使人主动自觉地克服缺点，积极向上。

学会赞美他人，在生活中学习和掌握好这一生活的智慧，以欣赏的目光去看待他人，这会让我们张开心胸，放宽眼光，能看到更美丽、更和谐的社会和人生。

洛克菲勒曾经说过："要想充分发挥员工的才能，最有效的方法是赞美和鼓励。一个成功的领导者，应当学会如何真诚地去赞许人，诱导他们去工作。我总是深恶挑人的错，而从不吝惜说他人的好处。事实也证明，企业的任何一项成就，都是在被嘉奖的气氛下取得的。"

洛克菲勒取得成功的秘诀之一，就是真诚的赞赏他人。赞美可以让人处于愉快的情绪状态中，可以强化人的行为。人们只有主观上认为自己想做才会去做，并且做得更好，赞美则可以帮你做到这一点。用赞美的方法来解决问题，在教育中起到了极为重要的作用。

一位从事教育的官员报告说："我们决定以称赞别人来代替挑剔别人的过失。但当我们看到他们做的都是负面的事情时，这就非常不容易做到。要找些事情来称许，真的是很难。我们想办法去找他们值得赞美的事情，而他们以前所做的那些令人不高兴的事，真的不再发生了。接着，他们一些别的错处也消失了，他们开始照着我们的赞许去做。居然出乎常规，他们乖得连我们也不敢相信。当然他并没有一直持续下去。但总是比以前好得多了。现在我们不必再像以前那样纠正他们。孩子们做对的事要比做错的要多得多。这些全都是赞美的功劳，即使赞美他最细微的进步，也比斥责他的过失要好得多。"

根据赞美对象的不同，采取的方式和口吻也应不同，例如对年轻人，语气上可稍带夸张；对德高望重的长者，语气上应带有尊重。

赞美与批评不同，批评只能在私下，而赞美我们在当时的情景直接说出来就可以了，而且这样更容易让对方在情绪上受到感染，更容易让人接受和喜欢。所以，我们不需要私下的批评，我们只需要阳光下的赞美！

精神鼓励远远超越了物质奖励，赞美就像风之于帆，就像是雨露之于种子。赞美是我们成长过程中不可缺少的营养品，是希望，是动力，是自信，是自我肯定的力量源泉。

学会赞美别人，人与人之间便会多一分理解，少一点戒备；多一分温暖，少一点冷漠。当然，赞美别人，不是阿谀奉承，不是廉价的吹捧，不是投其所好的精神按摩，而是发自内心的欣赏，是友善，是鼓励，是宽容。真诚而友善地赞美别人，是一种修养，是一种美德，是一种良好的心态，是一种高尚的境界。

有“礼”走遍天下

中国曾有“君子不失足于人，不失色于人，不失口于人”的古训，意思是说，有道德、有修养的人待人应该彬彬有礼，态度不能粗暴傲慢，更不能出言不逊。因此，礼貌待人是我们中华民族的传统美德。

礼貌是礼仪的基本体现。正如歌德所说：“一个人的礼貌是一面照出它的肖像的镜子。有一种内在的礼貌，它是同爱联系在一起的，它会在行为的外表上产生出最令人愉快的礼貌。”所以说，毕恭毕敬的态度、得体的礼仪是赢得别人信赖的重要条件之一。“礼”并不只是一种外在的表现形式，而是沟通人们相互之间友好感情的一道桥梁。如果人们能自觉地做到礼貌待人，不仅能使人与人之间的关系更加纯洁和美好，还可以无限提升自己的个人修养，使自己更有魅力。

心理学研究表明，受到尊重、尊敬是每个人都会有的愿望。人们都渴望自立，成为家庭和社会中真正的一员，平等地同他人进行沟通。因此，如果你能以礼貌的态度与人沟通，对方会觉得受到了尊重，从而对你产生好感；相反，如果你自觉高人一等，居高临下、盛气凌人地与人沟通，对方会感到自尊受到了伤害而拒绝与你交往。

一天，一位妇女，带着一个小男孩走进美国著名企业“巨象”集团的花园。他们坐在一张椅子上，女人随手将一团用过的湿巾丢在了旁边的灌木丛上，然后开始大声呵斥男孩。这一幕恰巧落在一位站在灌木丛边、正在修剪灌木的老人眼里，老人看了看女人默默地把纸团捡起来扔到了附近的垃圾箱里。没想到，几分钟之后，那个妇女又拿出一张纸巾，擦了擦脸，再次随手丢掉。老人依旧一言不发，走过去把纸巾捡起来扔到了垃圾箱里。

看到这一幕，妇女非但没有悔意，还指着老人大声地对男孩说："你看，如果你再不好好学习，你将来就会和这老头一样，一辈子做这些卑贱的工作。"老人听了，放下手里的剪刀，来到女士的面前，态度谦逊地问道："夫人，请问您是这家公司的员工吗？这里是公司的私人花园，按理说只有员工才能进来。"女人一听老花匠竟然质疑自己的身份，立刻拿出证件在老人面前晃了晃，傲慢地说："我可是下属一家公司的部门经理，我就在这里工作！"老人沉默了一会儿，打了一个电话后回到灌木丛继续自己的修剪工作。

一会儿，一名男子匆匆赶来，毕恭毕敬地站在老人面前说："我这就按您的吩咐免去这位女士的职务。"老人没有回答来人的话，只是走到小男孩的面前，说："孩子，这世界上最重要的，不是学会一身本领，而是要学会去尊重每一个人。"说完便转身离开了。

中年妇女愣在那里不知所措，不明白自己的上司怎会如此尊敬一位老花匠。赶来的男子对妇女说："这位老人是我们集团的总裁。而现在，你被开除了。"女人顿时僵在原地，难以置信地看着老人离开的方向，喃喃地说："他竟然是总裁詹姆斯先生。"

无数的事实证明：己所不欲，勿施于人。只有真正学会有礼貌地对待他人，才能得到他人的尊重。

社会中的人际关系随着社会经济的不断发展变得更加错综复杂，人际交往变成了一个深邃而又敏感的话题。但是"万事礼为先"是亘古不变的真理，只有讲礼仪的人才可以赢得他人的尊重和认同。

据史书记载，东汉末年著名的文学家、建安七子之一的孔融，是一个注重兄弟之礼、互助友爱的典型。

一天，父亲的朋友带了一盘梨子，给孔融兄弟们吃。父亲叫孔融分梨，孔融挑了个最小的梨子，其余按照长幼顺序分给兄弟。父亲问他："为什么留最小的给自己呢？"孔融说："我年纪小，应该吃小的，大梨该给哥哥们。"父亲听后十分惊喜，又问："那弟弟也比你小啊？"孔融说："因为弟弟比我小，所以我也应该让着他。"孔融的行为使父亲很欣慰。孔融让梨的故事流传千载，成为团结友爱的典范。

《诗经》有云："谦谦君子，赐我百朋。"礼多人不怪，礼仪已被作为衡量人的社会地位和受教育程度的检验标准。多礼能体现一个人的修养素质，很多事情的成功往往在于你尊重对方。当礼已经成为你生活中的一种习惯，它将会帮助你打开人际交往的局面，带着你走向成功。

沉着冷静才能游刃有余

因为人有七情六欲，所以当遇到一些不开心的事情会想办法宣泄自己的情绪，愤怒发火，情绪激动，更有甚者丧失理智。但是我们不能放纵这种情绪，遇事应该沉着冷静，控制自己，三思而行。生活不可能波澜不惊，总会有起伏跌宕的时候，人际矛盾也处处可见，别人不会总是笑脸相迎，如果我们不能控制自己的情绪，就会做出冒失的事情来，让自己抱憾终身，甚者会付出生命的代价。

塔布小城位于法国西南部，小城中有一位叫马尔蒂的警察。一天晚上，他身着便装到一家烟草店买香烟。在店门口碰到一个叫埃里克的流浪汉向他讨烟抽。马尔蒂表明他正要去买烟，于是埃里克误认为马尔蒂买了烟后会给他一支。

于是马尔蒂走出香烟店时，喝了不少酒的流浪汉埃里克缠着他索要香烟。马尔蒂不耐烦地拒绝了，于是发生了口角，于是两人在互相谩骂和嘲讽中情绪越来越激动。马尔蒂掏出了警官证和手铐，说："如果你不放老实点，我就给你一些颜色看。"埃里克反唇相讥："你这个混蛋，你能把我怎么样？"在言语的刺激下，二人扭打在一起。旁边的人赶紧将两人分开。

被劝开后的流浪汉骂骂咧咧地向附近一条小路走去，还边走边喊："臭警察，有本事你来抓我呀！"失去理智、愤怒不已的马尔蒂拔出枪，冲过去，朝埃里克连开 4 枪，埃里克倒在了血泊中……

平日里抓捕犯人的马尔蒂，现在成了阶下囚，等待他的是 30 年的牢狱生活。因为一支香烟，一个丢了命，一个身陷牢狱，这就是冲动的代价。

强者控制自己的情绪，弱者则被情绪控制。一个人只有学会掌控自己的情绪，才能成就一番事业。凡事三思而后行，才能应对生活中的各种突发状况，处理好自己的人际关系。莽撞行事，只会给自己带来更多的麻烦。

汉朝开国元勋之一的张良，一天散步行至一座桥边，遇到了一个穿着粗布衣服的老人。老人与张良擦身而过时，故意将鞋子丢到桥下，并傲慢地对张良说："小子，下去给我捡鞋！"张良念在对方是老年人，强压下不快替他把鞋子捡了回来。而老人居然得寸进尺，跷起了脚，示意张良给他穿上。换作之前，张良早甩手走人了，然而生活的磨难让他最终忍住了怒火，小心翼翼地为老人穿好了鞋。老人大笑着离开，在走之前约他 5 日后在此相见。

5 日后，张良按照约定的时间来到桥头，却不曾想老人故意早到了。老人骂张良不守时，约他 5 日后再相见。张良被老人如此这般地考验了 3 次，他一次比一次去得早。老人认为张良确实"孺子可教"，最终传授了他《太公兵法》。张良此后日夜研习，最终辅佐刘邦夺得天下。

可见只有冷静沉着，拥有良好个人修养的人，才能将复杂的人际关系处理得井井有条，将艰巨的任务尽职尽责地完成。

王蒙曾经说过："在任何处境下保持从容、理性的风度。心存制约，遇事三思，留有余地。"遇事冲动，只能让事情变得更糟；冷静沉着，才能让我们在社会交往中变得游刃有余，在人际交往中赢得主动权。

想要成为强者，就要先学会控制自己的情绪，切不可被情绪所掌控。

做人要认真，但别太较真

做人是一门大学问，有的人用尽毕生精力也未必能洞明其全部内涵。智者有云：凡事不能太较真。这正是有人活得潇洒，有人活得累的原因所在。

做人固然不能玩世不恭，游戏人生，但也不能太较真，认死理。肉眼看到的镜子很平，但在高倍放大镜下，镜面就成了凹凸不平的山峦；肉眼看很干净的东西，拿到显微镜下，满目都是细菌。试想，如果我们带着放大镜、显微镜生活，恐怕连饭都不敢吃了；如果用放大镜去看他人的缺点，恐怕那人就该天诛地灭了。太较真，就会对什么事情都看不惯，谁都容不下，把自己同社会隔绝开来。

有位女士总抱怨她家附近副食店的女售货员态度不好，后来无意中得知了女售货员的遭遇：丈夫外遇，母亲瘫痪在床，上中学的女儿经常患病，家里唯一的经济来源就是她的工资，而且每月只有 500 元，两代人挤在不足 10 平方米的平房里……这样的境遇怎么能让她展颜呢？这位女士从此不仅不再计较她的态度，还想帮她一把，为她做些力所能及的事。

智者有云："大街上有人骂我，我连头都不回，我根本不想知道骂我的人是谁。因为人生如此短暂和宝贵，要做的事情太多，何必为这种令人不愉快的事情浪费时间呢？"做人就应该知道自己该干什么、不该干什么，知道什么事情应该认真，什么事情可以不屑一顾。其实，我们若能有明确的目的性和针对性，就能腾出更多的时间和精力，全力以赴地去做该做的事，使成功的机会和希望增加。与此同时，由于我们变得宽宏大量，人格魅力会提升，朋友会越来越多，事业也会蒸蒸日上。

当自己的意见与他人存在分歧时，应该认真分析，自己不对的地方要立刻改正，在交流的过程中，也许就会发现自己思维的局限性。即便真的是别人错了，也要给人时间去领会，不必当面给别人难堪，委婉地引导和帮助，会让你拥有更多的朋友。

带着放大镜去看待别人的缺点，无异于鸡蛋里面挑骨头。生活本就烦琐，凡事不必太斤斤计较，求同存异，有度量，能容人，你会发现诸事遂愿。要想真正地做到豁达，就需要有良好的修养，善解人意，“己所不欲勿施于人”，多设身处地地为他人考虑，多一些体谅和包容，少些苛责和强求，生活会更加和谐。

第三章 情商高的人善于把握说话的分寸

为了有效地达到目的，我们每次和人交谈之前都应该问自己：“我为什么要和他交谈？”或者“对方凭什么听我说话？”将要谈话的内容在心里预演一遍，想想可能达到的效果，然后查漏补缺。

说话以简为美

在人际交往中，语言作为交际的重要工具，目的是让对方能够听得懂、能够接受自己的观点、理解你的意图，从而进入审美境界，甚至产生美感，最终达到交际的目的。孔子说："辞达而已。"意思是说，在表达自己的观点时要做到精确，当然在表达的过程中，不仅要用语准确还要简洁，将要表达的事情真实地呈现在交际者的面前。准确是简洁的前提和基础，因为只有准确才能节省笔墨做到简洁。

刘勰说："夫人之立言，因字而生句，积句而成章，积章而成篇。篇之彪炳，章无疵也；章之明靡，句无玷也；句之清英，字不妄也。"所以要做到以简为美，就要做到简明扼要、质朴自然，不长篇累牍，不浮华藻饰。这是语言简约美表现的最显著、直接之处。刘勰说："文以辨洁为能，不以繁缛为巧；事以明核为美，不以环隐为奇。"清代散文家刘大櫆在《论文偶记》中也提到："文贵简，简为文章尽境。"说话和写文章一样，要条理清楚、文字精练、言简意赅，不能舍简朴而追求繁冗浮华。所以在交际中，虽然语量减少了，但是语义信息量没有改变。为了达到这种效果，不论要表达的意思是简单还是复杂，都要尽量使用结构较为简单、形式较为短小的句子。

有效的交际用语，多为短小的句子，而且有的甚至只有一个音节，即使是稍微长点的句子，为了达到表达的效果，中间也会有停顿或者是重音，所以分割后的音节依旧很小。此外，我们在交谈时，因为语境或者是环境的影响，说的句子大多会省略主语和宾语，而且会尽量减少附加成分，时间、地方等词汇也会被省略掉，当然这种简化并不是随心所欲的，而是由交谈时的时间和地方决定的。不过，在表达时，只要不影响意思的传达和理解，语言形式还是以简短为宜。

当然，这种简洁一方面是指句子构成上富有变化，另一方面是指运用句式丰富繁多。而且日常生活中的交谈要比书面表达更加生动活泼，因为口语不仅语句丰富多样能够交替使用，使语句表达富有变化、气氛活跃，让话语更为生动活泼，还少了很多书面表达中对句子成分的限制，使语句更轻松。

说得多不如说得妙

《墨子》子中有这样一段对话：子禽问曰："多言有益乎？"墨子曰："虾蟆蛙蝇，日夜恒鸣，口干舌擗，然而不听。今观晨鸡，时夜而鸣，天下振动。多言何益？唯其言之时也。"墨子的意思是说，蛤蟆、青蛙，白天黑夜叫个不停，叫得口干舌疲，然而没有人去听它的。雄鸡，在黎明按时啼叫，天下震动，人们早早起身。多说话有什么好处呢？重要的是，话要说得切合时机。

"好菜连吃三天惹人厌，好戏连演三天惹人烦。"语言作用的大小，不在于"数量"，而在于"质量"。过犹不及，与人交流或者做报告时，一定要掌握火候。引经据典、长篇大论或许能够让你的谈话内容丰富，但是也能让听众听觉疲惫，最终不知你所云。所以有时候，精炼的话语更能达到目的。

因为任何事物，不管是多复杂的现象、多深奥的思想，说到底都是经过抽象概括后的认知。而这些认知恰恰就是事物的精华与核心，所以无论是闲谈还是正式探讨，只要抓住话题的精髓领悟它就能触类旁通。如果你能用极为简明的语言，条理分明地将自己的观点加以表述，或将对方思想、观点上的实质部分一一揭露，便能达到"片言以居要，一目能传神"的效果。

语言学家拉克夫曾总结过说话的原则：说话不要咄咄逼人；让别人也有说话的机会；让人觉得友善。那些喜欢滔滔不绝的人，常常会忽略听者的感受，所以很容易招人烦。

马寅初在担任北大校长期间，被邀请参加中文系郭良夫老师的结婚典礼。他平时都很忙，很少参加活动，所以人们看到他能来都很高兴，希望他可以上台致辞。但是马寅初来的时候没有想到会有这个环节，所以没有准备，但是为了不扫大家的兴，只得上台。可是讲什么呢？夸新郎？没有新意而且太客套，讲学问？自然不合时宜。最终他只说了一句话：“我想请新娘放心，因为根据新郎大名，他就一定是位好丈夫！”

起初人们还不明白校长这句话的含义，可是一联系新郎的名字，恍然大悟，“良夫”不就是善良美好的丈夫吗？

在与人交流时，一定不要浪费大家的时间，将自己要讲的内容凝练成一句话，避免无意义的重复，否则效果会适得其反。

在一次亚洲大专辩论赛中，香港中文大学队与新加坡国立大学队，针对“个人利己主义是社会进步的最重要因素”的辩题进行辩论。新加坡国立大学队为正方，香港中文大学队为反方，双方争辩激烈，相持不下。

这时，香港中文大学一个队员指出：“国父孙中山先生领导辛亥革命，推翻了中国两千多年的封建统治，难道是因为个人功利主义吗？爱迪生发明电灯，造福全人类，难道也是因为个人功利主义吗？”这句话虽然简短，但是一针见血、切中要害，具有几乎不可辩驳的威力。

俗话说：“秤砣虽小压千斤。”话说的多不如说的妙。

理直不一定要气壮

一般情况下，表达不清或者是表达不当会让语句产生歧义从而造成误会。其实还有一种情况也会造成误会，那就是说话时的语气。同样一句话，由不同的人说，会产生不同的效果，而其中起关键作用的就是说话时的语气。如“你好美”这句话，如果说话者语气诚恳，那么就是对对方的赞美，如果说话者语气轻佻，那么赞美就可能变成了戏谑，让人心生反感。有时候善于运用语气，可以轻易达到社交的目的。有一个叫乐乐的人就曾经利用语气帮助过伙伴，从而改变了伙伴的一生。

和乐乐同寝室的伙伴有一个性格特别的孤僻，很少和同学交流，到了无法避免的交谈时也畏畏缩缩的，于是同学都在背后笑话他，时间久了，同学们在和他交流时也总是阴阳怪气的。

乐乐不仅成绩优异而且为人和善，总是找机会开导他，希望他能够慢慢融入集体，可是一直没有多大的效果。一天，乐乐看到他一个人坐在空荡荡的教室里发呆，于是走过去挨着他坐下，用最贴心、最耐心的语气说：“我发现你上课听讲很专注，而且反应很快，有时候我都羡慕得不得了，我想只要你稍加努力，一定会考的比我还好。”

那位同学听了乐乐的话后定定地盯着他看了好一会，若有所思地点点头。乐乐见他终于有了反应，于是接着用诚挚的语气说：“一个人参加活动好无聊，你陪我去吧！”没有等同学回神，乐乐已经站起来拉着他走出了教室，加入了同学们的活动当中。之后，乐乐总是会找机会拖着他去参加同学们的活动。慢慢地，这位同学再也不会拒绝乐乐的邀请，有时候还会主动出现在绿茵场上，和同学们的关系也越来越融洽，不再害怕在公众面前表达自己的观点。

多年之后，乐乐在同学聚会上再次见到了这位同学，当年的拘谨和青涩早已在他身上找不到痕迹。在聊天的过程中，乐乐得知，这位同学已经是一家大公司的销售总监了，乐乐衷心地祝福他，那位同学说："我能够有今天要谢谢你。如果当初不是你那么诚挚的语气，我可能不会相信你的话，也就不会有之后的改变，更不会有今天。"

要充分表达自己的意思，不单单要靠气势还要靠语气，有理的同时还要注意说话时要有礼，有理不在声高，理直不一定要气壮。说话时一定要掌握好分寸。

当然，作为说话的技巧之一，口气也要分场合、时间、地点和对象，如果语气千篇一律，很可能就达不到说话的目的了。

用愉快的语气说话，对方可能也会心情愉悦；用低落的语气说话，对方也可能会觉得氛围压抑；语气生硬会让听者感到不快；语气埋怨会让对方产生抵抗情绪……可见，语气能够激发听者的情绪并影响其精神状态。

语气因地而异很重要，如果场面很大，一定要注意适当的提高声音、放慢语速、把握语势上扬的幅度，以突出重点。相反地，场面小，越要注意适当降低声音，适当紧凑词语密度，并把握语势的下降趋向，追求自然。

同样一句话能否让其发挥出更大的效果，要抓住时机，恰到好处，运用适当的语气才能够产生正确的效果。

为了达到更好的效果，我们在说话的时候，一定要注意自己的语气，既不傲慢也不"卑躬屈膝"，根据谈话对象的不同、场合的不同，选用不同的语气，只有这样，我们才能在生活中做一个受欢迎的"会说话的人"。

与人谈话要有的放矢

一切事物都有其存在的目的和意义，谈话也不例外，无论是开会发言、记者采访、恋人之间的甜言蜜语、朋友间的闲聊家常，都是为了实现一定的交际目的而进行的。所以在说话时，一定要时刻围绕主题，语言明晰、目的明确。当然我们在交谈时，大多数情况下，说的话都应当是明确的，但是，在交谈的过程中往往会发现，会出现跑偏的现象，要么脱离了原先谈话的轨道，跑到其他不相干的话题上去，要么含糊其辞、模棱两可。导致话题跑偏的原因有很多，但其中最根本的原因是：缺乏明确的谈话目的。

某研究所申办了一个项目，领导派了一个干部到院里有关部门去问关于审批的结果。这位同志回来后向领导汇报说："所长，现在办点事，真麻烦！为了咱审批的事情，我连续跑了好几趟，跑了院里好几个部门，可是始终没有搞清楚到底是哪个部门负责咱们的审批工作，急得我吃不下睡不着。

您不知道，现在院部大楼正在重新装修，各处室乱七八糟的，想找个人真是比登天还难。咱们要找的科技开发部，是个新设的部，一共没几个人，还老下去办事。谁知道他们整天忙的是公事，还是私事。前天，我一连去了两趟，都是"铁将军把门儿"——没人！昨天下午，我好不容易才逮到他们的办公室主任。嘿！一见面我就乐了。这个人我认识，他是我大学时的同学，而且还是一个系的师兄，我们都喊他大刘！他的乒乓球打得不错。上大学那会儿，我们俩都是校代表队的。我和他的关系铁的很，就咱这点事情他还能办不好？而且他也觉得咱们所有能力办个咨询公司。这能更好地发挥咱们的优势，面向市场，开放搞活嘛！他还说，虽然在咱们之前已经有人行动起来了，但是凭借咱们所的实力一定能能够后来居上。他表示大力支持，将来咱们有什么困难，找他帮忙没问题……”

所长听他啰唆了一大堆，就是没有说到主题，于是不耐烦地打断他问：“你快说说，报告到底批了没有？”

这位同志一见领导急了，赶紧说：“批件呀！大刘说，审批所一级开办新项目，他们还要和院办研究一下，院办同意了才能批。没办法，我又去院办，可是不巧，院办的王主任这几天出差去了，下礼拜才能回来。所以，咱们这事只能等到下礼拜再说了……”

真要命！碰上个这样说话的，一件小事也能扯成一团乱麻。有些人说话为什么会东拉西扯，就是因为抓不住话题，主旨不明确。说话时，只有主旨明确，才能有所取舍，才能知道该说什么，该在哪里结束，从而避免跑题，避免许多多余的话。

所以出于社交的需要，每一次谈话都应该具有针对性，要达到一定的效果，即使我们交谈的对象不同、谈话的目的不同，但是最终的结果却相同——达到目的，当然要做到这些就必须具有一定的素养。无论你是想单纯地找朋友聊天或者是特意找他帮忙，或者是谈一笔重要的生意，你都必须要具备谈话的能力、根据对方的兴趣转换话题的能力、即使遇到尴尬的场景也能够保持态度友好而真诚的能力，等等。

具备了这些能力，就可以很轻松地做到与人谈话有的放矢，那么达到谈话的目的就很容易了，谈话、社交往往能够取得良好的效果，有时甚至能够帮助你化险为夷。

当然，人们说话的目的，不外乎几种：将自己知道的信息或者是掌握的知识传递给对方，最常见的有学术报告、现场报道、产品介绍、解说等等；

想引起对方的兴趣或者注意，进而进行沟通或者是接触，如打招呼、应酬、寒暄、提问、拜访等；为了交流感情，通过叙旧、聊家常等方式取得对方的信任，进而增进感情；为了激励对方的斗志、坚定其信心、振奋精神，当然这类多是赞美、鼓动式演讲，或者是就职演说、毕业典礼和各种庆祝活动；为了改变对方的观点或者是信念，通过谈话说服对方，如谈判、论辩、批评、法庭辩护、竞选演说、改革性建议等。

要达到谈话有的放矢，就要坚持话由旨遣的原则，明确说话目的，有了目的，我们在谈话时寻找谈资和话题就会更容易，如果你能够在谈话时在加入技巧，采用对方喜欢的语体风格，那么效果会更加明显。相反，如果谈话没有目的，不顾场合信口开河、东拉西扯，不但对方会不知道你的用意，自己也会无所适从。

所以，为了有效地达到目的，我们每次和人交谈之前都应该问自己："我为什么要和他交谈？"或者"对方凭什么听我说话？"将要谈话的内容在心里预演一遍，想想可能达到的效果，然后查漏补缺。

巧妙插入别人的谈话

培根曾说："打断别人，乱插嘴的人，甚至比发言者更令人讨厌。"打断别人说话是一种无礼的行为。每个人都会有情不自禁地想表达自己想法的愿望，但如果不去了解别人的感受，不分场合与时机，就去打断别人说话或抢接别人的话头，这样会扰乱别人的思路，引起对方的不快，有时甚至会产生误会。那么该如何适时地插入对方的交谈之中，并达到最佳的交际效果，是社交中必须掌握的一门技巧。

如果你交谈的对象流露出想和你交谈某个话题，但是又害怕你不感兴趣时，你不妨伺机安稳一下对方："你能谈谈那件事吗？我十分想了解。""请你继续说。""我对此也是十分有兴趣的。"当你传递了这些信息之后，对方就会知道无论他说了什么，你都会很认真而有兴趣听下去，从而坚定他倾诉的信心。而当对方在叙述的过程中情绪激动或者是失控时，你也可以适时地打断他，并安慰他说："你一定感到很气愤"，"你似乎有些心烦"，"你心里很难受吗"……而这些话可以让对方将心中的愤懑"诱导"出来，当对方发泄后，会感到轻松、解脱，从而能够从容地完成对问题的叙述。当然一定要切记，不可以对对方的情绪做最直接的断定，如"你是对的""他不应该这样"。因为你的作用是做对方的疏导管而不是火上浇油让事态严重化。

所以我们不能对对方的谈话内容和感情发表判断、评论，如果你试图超越这个界限，就有陷入沟通误区的危险，从而使一场谈话失去了方向和意义。

并不是每一场谈话你都能够主导，乱插嘴的人遭人厌恶。当你想加入某个正聊得火热的团体时，一定不能冒失地问“你们在聊什么”，而是应该先倾听。因为如果你不知道他们聊天的内容和每个人的想法就直接加入的话，不仅会显得很突出，还很可能不能融入其中。而且如果对方正在商讨很重要的事情，你突然加入很可能打断别人的思路，谈话气氛也很可能转入尴尬。大家甚至会觉得你没有礼貌，而渐渐疏远你，导致社交失败。

很多不懂礼貌、不懂得尊重别人的人总是会在对方相谈正欢时打断人家，并将谈论的话题转化到自己感兴趣的事情上来，而且还夸夸其谈，将自己的观点强加给对方。无论是哪一种，都会让人对你产生厌恶感。

一个老板正在和客户谈生意，而且正谈到关键时刻，这时，他的一个朋友来了，并急着跟他们谈最近发生在身边的小见闻，虽然老板不断地用身体语言暗示他，可是他却毫不在意，于是客户见生意无法再谈下去，只好告辞。老板为此很恼火，之后就渐渐疏远了这位朋友。

随便打断别人的谈话是一种很不礼貌的行为，当然也是很不明智的行为，会将自己的人际关系搞得一塌糊涂。要想获得好人缘、让交际圈扩大，就要避免这种陋习，注意在日常的交际中不要用不相关的话题打断别人的交谈，或者用无意义的评论打乱别人说话，当然更不能抢着替别人说话、急于帮助别人讲完事情、为争论鸡毛蒜皮的事情而打断别人的话题。

使用轻松柔和的语言基调

语调、声音可以透露关于说话者的很多信息：生气、惊愕、怀疑、激动、高傲、蔑视……所以人们总是能够从说话者的语调和声音上来判断他（她）是怎么的人，高傲冷酷对人疏离还是热情洋溢容易亲近。所以说，语调、声音以及说话时吐字是否清晰都能直接影响人与人之间的交谈。

俗话说："一句话能把人说笑，也能把人说跳。"如果交谈的对象语调轻快、柔和，自然会让交谈的气氛融洽，能给彼此带来愉悦，所以中国人一直将和气待人、和颜悦色视为美德。所以在人际交往中，因多用轻快柔和的语调。

那么怎样才能尽量让语调轻快柔和呢？说话时语气亲切、语调柔和、措辞委婉、含蓄，让对方不会觉得尴尬，谈话的氛围就会很轻松，你所谈论的话题也易于入耳生效，有较强的亲和力与说服力，往往能起到以柔克刚的交际效果；个人的思想修养和性格会影响一个人的言谈，一个心灵丑恶的人，语言绝不会美好。有善心才有善言，所以一定要不断加强个人修养；要使语言基调轻松柔和，应都用谦敬辞、礼貌用语，避免使用粗鲁、污秽的词语，表示尊重对方的观点和感情，以引起好感；在句式上，应少用"否定句"，多用"肯定句"；在词语的感情色彩上，多用褒义词、中性词，少用贬义词，以减少刺激性。

轻松柔和的谈吐有两种表达方式：谦让和委婉。

有理不在声高，想要对方接受你的观点或者对你产生好感，并非咄咄逼人才有分量，谦让式的表达法更容易引起对方的心理变化，因为谦让的表达会让对方感受到你对他（她）的尊重、宽容和理解，所以谦让具有感化力。

一名女顾客到一家瓷器店买瓷器，可是她很挑剔，看了很多套都没有中意，这时陆陆续续来了很多顾客，营业员见她在专心看瓷器就转身去招呼其他人。女顾客觉得营业员冷落了她，于是沉下脸，毫不客气地指责道："你们这是什么服务态度，分明是我先来的，你却去招呼其他客人，我要投诉你，让你卷铺盖走人。"

虽然顾客的话很刺耳，可是营业员并没有流露出丝毫的不高兴地情绪，对身边的顾客说声抱歉之后，走过来面带笑容地说："非常抱歉，今天客人有点多，照顾不周还请您原谅，有什么需要帮忙的吗？"营业员的态度谦逊而真诚，女顾客不好在无理取闹，于是说："我真的是赶时间，说话没有注意分寸，你别介意。"

试想一下如果营业员因为顾客咄咄逼人的话而反唇相讥，后果会怎样？所以谦让的语气会缓和尖锐、尴尬的气氛，减少矛盾和摩擦。

在现实生活中，我们难免会遇到与他人意见不合，但是又想让对方接受自己的建议，或者为人求情、代人办事常常遇到令人不满意的情况，这时候，顺应事物的发展规律，学会委婉的表达方式，旁敲侧击、巧言游说，往往能起到意料不到的效果。

1940 年，因为连年的战争，英国已经入不敷出，没有钱从美国购买军用物资，而美国商人也打算要放弃英国而将目光投向新的目标。可是美国的总统罗斯福却意识到了唇亡齿寒的严重事态，于是利用媒体宣传《租借法》以说服他们，为国会通过此法成功地营造了舆论氛围。

罗斯福的目的虽然是想提醒国民不可目光短浅、只重眼前利益，但是为了不触犯众怒而适得其反，选择了委婉的表法方式，为了让表达更加吸引人，他用通俗易懂的语句深入浅出地阐明了观点，达到了较好的说服效果，“假如我的邻居失火了，在四五百英尺以外，我有一截浇花园的水龙带，要是给邻居拿去接上水龙头，我就可能帮他把火灭掉，以免火势蔓延到我家里。这时，我怎么办呢？我总不能在救火之前对他说：‘朋友，这条管子我花了15美元，你要照价付钱。’这时候，邻居刚好没钱，那么，我该怎么办呢？我应当不要他15美元，让他在灭火之后还我水龙带。要是火灭了，水龙带还好好的，那他就会连声道谢，原物奉还，假如他把水龙带弄坏了，答应照赔不误的话，现在，我拿回来的是一条仍可用的浇花园的水龙带，这样也不吃亏。”

掌握语言的停顿与重音

停顿是指词语或语句之间声音上的间歇。也是人本身生理换气的需要，因为人不可能一口气将自己要表达的意思说完，这中间必须有停顿，将话语划分成段，使话语形式严谨、表意明了、有条不紊。但是后来人们发现，同样一句话当我们选择在不同的地方停顿时会产生不同的意思，有助于提高表达能力，使语言更为准确地传达出去，所以停顿成了人们常用的说话策略。

在一次国共代表的协商会上，周总理与国民党政府代表各执一词互不相让，对方理屈词穷，恼羞成怒地指责道："简直是对牛弹琴！"睿智的周总理微微一笑，回答道："对！牛弹琴！"周总理巧妙地在对方的语句中间略加停顿，将原话拆成两句，返还给对方，言简意赅却针锋相对，让对手无言以对。

可见恰当地使用停顿，可以有力地回击对方！而且这种利用停顿回击对方的方式很适合用在轮辩上，所以也被称为语句停顿术。那些雄辩家都很会利用语句的停顿所发挥的作用。

当然如果停顿不当也会闹笑话。因为同样的句子，停顿的次数不同、位置不同，词语关系就会有所差别，句子的意义也就会发生改变，那么所表达出的感情也会有差别。

某经理在一次给员工调薪的报告中闹出的笑话就是很好的例子，报告的原话是："在这次提议调薪中，已经升了职的和尚未升职的员工都应同时调整薪资”，而他在读原话时在不该停顿的地方做了停顿将原话变成了“在这次调薪中升了职的和尚、未升职的员工都应调整薪资”。台下的员工听完后哗然。虽然在这种会议上出现这种错误不会对公司造成损失，但是他本人的形象还是会受损。如果是在外交场合或者某庄重场合，这种错误后果要严重得多，所以在运用停顿时一定要先斟酌好。

说话者为了强调某个语义或者是某种情感时，会在说话时做较大的停顿突出语意、增大信息刺激强度，从而引起听者的注意，进而产生共鸣，当然并非所有的语句都适合在中间停顿，否则会让逻辑混乱，没有终点，效果适得其反。即使是那些需要停顿的语句也一定要掌握好停顿的时间，间隔的太长或者太短都会让停顿的效果大打折扣。换句话说，停顿时一定要掌握好中间停顿的时间而且要顺乎自然。

除了停顿之外，重音也是提起人们注意的一种有效方法。所谓的重音就是，说话者将要表达的意思中的重点词、词组、句子重读。重音的方法有两种，一种是语法重音（按照句法结构特点说出的重音），一种是强调重音（为了突出某个语意，或表达某种强烈情感，将句中某些词语音量加大后所说出的重音）。

苏联著名戏剧家斯坦尼斯拉夫斯基曾说：“重音就像人的食指，指示着节奏中或句子中最主要的词。”重音和停顿一样，位置不同，所传达的意思和感情强度也会有差异，如“你听得懂吗”中，在“懂”字上加重音，句子就会由一般的询问变成反问，而且感情色彩也会跟着变化，具有了轻视的意味。

一位职员多次迟到，于是主管和主任用样一句话对他进行了批评：“你呀！怎么又迟到了？”主管在说这句话时将重音放在了“你”上，主任将重音当到了“又迟到”上，于是同样的话职员给了不同的回答，面对高管的批评，他羞愧地低下了头，并保证以后不会再迟到，可是对主任的话他却毫不在意，说："有什么了不起！扣全勤奖金好了。"

为什么会这样呢？因为重音不同，主管和主任所表达的意思也就不相同，主管强调的是"人"，虽然是批评但是也表达了对他的关注，会让职员觉得主管更在意的是他这个人，所以在无形中就削弱了他的抵抗情绪，而主任强调的是"事"，指责意味很明显，所以职员会反感，自然心理上就会抵抗。可见重音的位置不同，所强调的意义、表达的感情差异会很大，效果也会截然相反。

争吵有度、和好有方

曾有心理学家做过一项调查，发现人们通常都只会对有安全度的人发脾气，因为在人的潜意识里会觉得即使自己无理取闹了，对方也不会离开自己。于是人们通常都会犯这样的错误，将苛刻留给亲近的人，而将宽容留给不熟识的人。所以就出现了这样怪异的事情：很多是非不是由关系疏浅造成的而是由关系密切造成的，就像唇总是和齿相摩擦，锅和铲总是相碰撞一样。

仔细回想，我们吵架的对象大多数时候都是自己的爱人。在公司，即使和同事有摩擦也会尽量的避让；对客户，即使对方挑剔苛刻，也会小心的应付；因为彼此之间的关系就像漂亮的花瓶，放在原处细心呵护会很漂亮，可是一不小心摔碎了就再也没有办法恢复原来的样子。可是下班到家之后，所有的伪装、好脾气都统统不见，有一点不如意都会肆意地发脾气，因为你知道，和爱人的关系像皮球，甩出去还会弹回来。

可是你忘记了一件事，再好的皮球摔的时间长了也会破损，也会没有办法还原。既然激烈的争吵会伤害彼此之间的情感，那么一味地压抑是不是就会相敬如宾了呢？试想一下，如果夫妻真的相敬如“宾”了，那和其他人又有什么区别呢？！

巴尔扎克说过：“婚姻产生人生，爱情只产生快乐。快乐消失了，婚姻依然存在，且诞生了比男女结合更宝贵的价值。故欲获得美好的婚姻，只需具有那种对人类缺点加以宽恕的情谊便足够。”夫妻之间一样需要保持彼此的信任、理解和宽容。

人与人相处难免会产生摩擦，即使感情再好的夫妻也会有观念不同之时，争吵不是唯一的解决途径，但却是最快的途径。因为在争吵中我们可以听到对方真实的想法，但是争吵也要有度，即便是在情绪激动难以抑制的时候也不要超越这个度。那么夫妻争吵需要注意什么呢？

不揭短

作为最亲密的人，我们了解彼此，包括性格、生理、心理等各个方面，自然也就知道对方的缺憾在哪里，所以争吵的时候就事论事，千万不要揭短，常言道“打人莫打脸，骂人不揭短”，人们最讨厌别人恶意揭短，这样做只会激怒对方，将矛盾扩大伤及夫妻感情。

不翻旧账

很多人在争吵时，都喜欢将之前发生过的事情从新提及，来证明对方曾经犯过很多类似的错误，以此来挫对方的锐气，却不知这样会伤害对方的自尊心。谁没有错过呢？老是被别人揪着小辫子怎么会舒服，于是本想承认的错误也觉得没有必要，就这样，矛盾不断地激化。所以我们在争吵时千万不要翻旧账，就事论事地处理问题，更容易化解眼前的矛盾。

不带脏字

争吵时难免会口无遮拦，说一些过激的话，但是千万不能“出口成脏”，更不能将发泄的对象指向彼此的亲人。

不贬低对方

争吵时人的理智都会降低，会说一些过分的话，但是却会被对方认为是你心里的真实想法，平时掩饰的好，现在乘机拿出来晒晒，所以在争吵时千万不要说贬低对方的话，因为这个时候你说的每一句话对方都有可能会认真。被刺伤了自尊，为了维护自己的尊严，会一直坚持争吵到底。

再锋利的刀都会有磨钝的时候，夫妻之间的情感也一样，如果争吵不知道节制，最终会将感情消耗殆尽。婚姻中最折磨人的，并非冲突，而是厌倦，所以即使不可避免要争吵也一定要适度，只解决问题，不论输赢。

夫妻之间要学会互相忍让、宽容。夫妻之间的关系就好比跷跷板，一定要掌握好平衡，不能总是一方高高在上。即使不可避免地出现唇枪舌剑、硝烟四起，也不要总是做胜利者，因为家庭本身就是夫妻双方共同的领地，在刺伤对手的同时，自己身上也会有伤口、也会流血。

当然，夫妻出现矛盾除了争吵之外，还可能冷战。当出现冷战局面时，一定要有一方先“破冰”，如果双方互不相让，那么“冰”会越积越厚，最后伤人伤己。

可直率但不可粗俗

《论语·雍也》说："质胜文则野，文胜质则史，文质彬彬，然后君子。"意思是说："质朴胜过了文饰就会粗野，文饰胜过了质朴就会虚浮，质朴和文饰比例恰当，然后才可以成为君子。"虽然直率的人有时候很可爱，说话不会拐弯抹角、诚实、不忌讳任何人或事，但是凡事都有弊有利，太直率容易伤人，会给人留下说话不经大脑、粗俗野蛮的印象。

寇准是北宋时期一位很重要的官员，而且擅诗能文，曾两度为相，在政治上颇有建树，受到百姓的爱戴和后人的推崇。但是最终，他却被放逐到边远的广东雷州去当司户参军。他到雷州后，由于生活艰难、气候恶劣，身体很快垮下来，于第二年秋天，病逝于雷州。

为什么有如此雄才大略又胸怀天下的好官，最后却落得个客死他乡的悲惨结局呢？这和寇准的性格有很大的关系。他为人耿直，说话直爽，尤其是与政见不合的同僚说话时更加不懂得变通和收敛，于是遭到政敌疯狂的报复，最终不得施展自己的抱负。最典型的事件就是《资治通鉴》中记载的关于寇准和丁谓的故事，即有名的"溜须事件"。

据记载，这件事发生在天禧三年（1019年），当时的寇准经历人生的起伏再次出任宰相。而在他拜相的同一天，丁谓也被升任为参知政事（副宰相）。作为同僚，寇准一度很欣赏丁谓，曾多次向担任丞相的进士同年李沆推荐丁谓，但均被李沆拒绝。当时寇准很不解，于是问其原因，李沆说："这种人，能使他位居人上吗？"寇准说："像丁谓这样的人，相公能始终压抑他屈居人下吗？”

有一天，在商讨了重要事件之后，寇准和丁谓作为重要的朝臣参加了宴会。在宴会期间，寇准不小心在进食时将饭粒汤水沾到了胡须上，丁谓恰好坐在他旁边，看到后起身上前替他徐徐拂去。寇准并没有因为丁谓的举动高兴，反而板起脸来，冷笑着说：“参政，国之大臣，乃为官长拂须耶？”丁谓觉得很下不来台，于是怀恨在心，在后来的权力斗争中，最终将寇准击败，把他赶到雷州。

在官场中，溜须拍马的事情屡见不鲜，不喜可以私下里表明，但是寇准犯了一个严重的错误，不仅将自己的不喜当众表现出来，还出言讽刺，让人颜面扫地，得罪了人还不自知。所以丁谓才会在后面的政治斗争中全力诋毁寇准。而且由于性格的缘故，寇准出言讥讽的何止丁谓一人，于是丁谓联系了有相同经历的王钦若、曹利等人结成同盟，在皇帝那里一次次的上书参奏他，三人为虎，时间长了，皇帝自然也就相信了他们的言辞，觉得寇准这个人真的是不怎么样，所以寇准的政治生涯一波三折，最终落得客死他乡。

寇准的失败，不是败在没有谋略上，而是败在没有管好自己的嘴，说话不留情面。在现实生活中有很多像寇准一样心直口快、说话不经大脑、不顾忌场合和对方面子的人。虽然和这样的人相处，不用顾忌太多，交往起来也轻松得多，但是也头疼得多，因为他们说话总是会在无意中重伤别人，让人下不来台。可又不能跟他针锋相对，因为他是无意识的，太较真反倒让人觉得你小气，不怪他吧，又实在是窝火。所以碰到这样的人，真的是件很头疼的事情。

如，本来大家都高高兴兴地去参加朋友的婚礼，对新人说些吉祥话，夸新娘子漂亮，可是唯独有一个人很没有眼色地说，化妆师选的假发不适合新娘子。其他人提醒说，这是现在最流行的发型，很适合这个场合，可是他并没有听出同伴的善意提醒，接着说，其实新娘子更适合直发，就不应该赶时髦。即便他说的是实话，在这种场合也不应该说出来，搞得大家都很尴尬。你说当你遇到这样的人时该拿他怎么办？

在人际交往中，人与人之间的相处是很奇妙的事情，往往会因为一句不经意的话让对方对你产生好感，拉近彼此之间的距离；也可能因为一句不经意的话让对方对你产生恶感，从此形同陌路。所以我们平时一定要注意自己的言行，把握好度，千万不要因为自己随性而为让语言这把利器伤人伤己。

也许你会说，我这人性格天生这样，不喜欢虚与委蛇，虽然我已经努力地在改变了，但是还是没有办法做到。这里教你一个小窍门，在说话之前不妨自问：我将要说的话是善意的吗？这句话有没有更加委婉的表达方法？在开口之前给自己留一点时间思考，即便不喜欢拐弯抹角，也别出口伤人，尽量挑选温和的字眼。这样一来就可以将出现伤害的可能性降到最低，那么你的人际关系也会变得更好。

在交际中，语言不仅是一项重要的交往手段，还是一个人文化修养和见识的直接体现。有时候一言可以兴邦，一言也可以让你的前途受阻，所以说话时诚意与文饰并重才不至于太假，才会显得文质彬彬。

得饶人处且饶人

锻炼口才的目的是为了更从容地社交，但是有些人往往忘记了交谈的初衷，有时候甚至失了分寸，说话尖酸刻薄、不分场合，让对方认为你是利用自己的雄辩能力挑衅。这种人大多争强好胜，总想跟交往的人一较高下，无论对方说什么总是会想办法挑刺，然后想尽一切办法让对方接受自己的观点，所以这种人不善与人际交往，或者不善于维护已有的社交关系。正如卡耐基所说："你可能赢了辩论，可是你却输了人缘。"

喜欢争强好胜的人，即使是善意的玩笑或者是嘲弄，都会带有攻击性让对方觉得别扭，拒绝或者尽量避免跟他接触。而这种人也会因为得理不饶人将事态恶化。

在上下班的高峰期，公交车上基本都是人挤人，由于急刹车或者突然路况出现状况，人们难免会相互碰撞，相互理解了这就不是事，可是总有一些人得理不让人，将事情恶化。

一个年轻小伙子在刹车时没有稳住身体撞到了旁边的一位老大爷，没等小伙子道歉，老大爷就气急败坏地说："这么大的人了，怎么就欺负我这个老头子呢？太没有公德心了。"

老大爷的话让小伙子很反感，心里的愧疚消失得无影无踪，说道："大爷你怎么说话呢，车上人这么多我又不是故意的，怎么能说是欺负你呢。"老大爷一看对方没有道歉，更来气了，说："得，得，得，现在的年轻人都不学好，一看你就不是什么好东西，没家教，没准还进去过吧。”

老大爷口无遮拦终于惹怒了对方，小伙子气的要动手，幸好被身边的人拦住了，要不然事情的结果可能会很糟。

这本是一件再平常不过的事情，如果老大爷能够得饶人处且饶人，没有斤斤计较，就不会发生后面的争吵，更不会有损自己的形象，害得双方都不痛快。

不过生活中这种斤斤计较、得寸进尺的人真的很多，即使是没有必要分出高低优劣的事情也会锱铢必较，即使明知道有可能会伤了对方的自尊心，还是毫不顾忌地争辩，这在人际交往中是大忌。懂得尊重别人的人，才会得到别人的尊重，你故意给人难堪，必定会为之后的人际交往埋下隐患。所以，说话时一定要懂得有所保留，对别人的观点也要能理解和认同，这样关系才能和谐。当然，还要有容人之过的心胸。作为肇事者要竭力避免伤害他人，但是作为受害人也应该以博大的胸怀宽容对方，避免消极情绪和怨恨地发生。“海纳百川，有容乃大”，生活中，宽容能够产生奇迹，可以减少不必要的损失。一个会做人又会做事的人，往往拥有开阔的胸襟。其实你宽容别人的同时也是在释放自己。要想有一番大作为，眼睛里就得能藏的下“沙子”。

一个秋天，美国加州有两个流浪的孩子在林场里玩耍时，想搞恶作剧戏弄丛林附近的居民，于是将丛林里的落叶点燃引起了大火。在灭火的过程中，有一名年轻的消防员牺牲了。

当人们知道了纵火的原因后，都愤怒了，市长面对媒体时表示，一定会不惜一切代价抓住那两个纵火的孩子，让他们接受最严厉的惩罚。牺牲的消防员的母亲也接受了采访，但是和民众不同，她很宽容，她说：“得知我的孩子离开了我，我很伤心，我也很感谢有那么多正义的人们，但我现在想对制造灾难的两个孩子说：你们现在一定活得很糟糕，很可能生不如死。作为这个世界上最有资格谴责你们的我，此时只想说，请你们回家吧，家里还有等待你们的父母，只要你们这样做了，我会和上帝一起宽容你们……”。

这位母亲的宽容挽救了两个孩子的生命，在她发表电视讲话之前，纵火的孩子因没有办法面对社会舆论的压力已经买好了安眠药，决定一起离开这个世界。当他们听到那位母亲的讲话后，决定不再逃避，要勇敢地面对自己的过错，于是到警局自首了。

这位母亲的宽容让人敬佩，面对间接杀死自己儿子的凶手，她不仅原谅了他们的过错，还担心他们的近况，希望他们能够回到家人的身边，而她的宽容不仅拯救了两个孩子的生命，还拯救了他们的灵魂。

扪心自问，我们能够做到如此吗？生活难免出现摩擦，发生争执时，我们不妨向这位伟大而宽容的母亲学习，不去指责对方，更不要穷追猛打，将对方逼入死胡同。而是想办法平息彼此之间的怒气，力求在无损于双方面子和尊严的情况下达成妥协，人海茫茫，但却常“后会有期”，你今天得理不饶人，焉知他日不狭路相逢？得饶人处且饶人，不仅给自己留了退路，还会让你周围的人为此对你心怀敬意。

当然，“饶人”也要讲究语言艺术，所以说话时要注意言语方式和言语内容。

适度调侃，活跃气氛

幽默是人际沟通的润滑剂，智者们都善于用幽默来缓和生活或工作中的矛盾，使那些原本尖锐的矛盾变得有情趣。各国的领导人都是灵活运用这一技巧的高手。

2007年，对于中日双方都有特殊的意义，因为冰封多年的中日军方高层终于解冻。双方的军方高层再次会晤时都难免有些尴尬，为了让接下来的会谈能够顺利地进行，中方的代表曹刚川利用他的幽默化解了当时的尴尬气氛。

与日本首相安倍晋三见面时，曹刚川一一为他介绍中方随团将领，介绍完其他人，曹刚川“不忘”介绍自己，“我是中国国防部长曹刚川”，一句话将在场的人都逗乐了，气氛也跟着变得轻松。

按照行程的安排，中国的代表团将参观日本的名胜古迹。在参观京都名胜金阁寺时，一行人经过了寺院里一个喻义鲤鱼跃龙门的小瀑布后，在不远处看到了一个很大的水塘，里面养了很多的鲤鱼，于是曹刚川装作恍然大悟的样子，说道：“这些鲤鱼肯定是从那边游过来的。”陪同的僧人听了翻译后哈哈大笑，在之后的行程中在没有表现得很拘谨。

当然，为了避免尴尬，日方的代表也努力活跃气氛。日本外相町村信孝在与曹刚川会面时对他说：“日本新内阁被人称为‘日中友好内阁’，因为很多阁僚都很了解中国。”一席话，巧妙拉近了宾主的距离。

曹刚川通过调侃不仅表现了他个人的魅力——豁达且幽默、雅致且可爱，还为之后双方的会晤奠定了良好的氛围。

在日常生活或者工作中，我们也可以适时地运用聊侃的技巧，让生活增加一些情趣。

老王退休之后为了打发时间经常在小区的活动室约老邻居们打牌。可是平时准时报到的老王却连着几天没有露面，大家都很好奇，所以当他再次出现在棋牌室时，老牌友老孙就问他：“老伙计，怎么这几天没有见到你啊？”

老王一脸严肃地说：“一言难尽啊，我被‘双规’了。”

大家都是一愣，老孙赶紧接话道：“怎么着，以前贪污被发现了？”

老王哈哈哈大笑道：“我儿子、儿媳妇找我谈话喽，宣布我必须在规定时间、规定地点接送小孙子上幼儿园。”

大家一听全笑了，虽然之前被他的话惊着了，但是也应他的幽默没有人再计较。

生活过于严谨难免会太沉闷，人生如意事十之八九，若平时还拘着自己，生活必然失去很多乐趣。如果能够保持乐观的心态，时不时地聊侃一下生活，给生活添加佐料，即使是身处困境，也总是会带给身边的人正能量，用人格魅力征服身边的人，交际圈会不断扩大，因此成功的机会自然比一般人多。

但是也切忌，不论是聊侃别人还是自己都要掌握度，尽量避开对方的雷区，因人而适度地选择话题。因为我们调侃的目的在于活跃气氛，千万不要适得其反。

点到为止，响鼓不用重锤敲

中国有句谚语：明人不用细说，响鼓不用重锤。在日常生活中，如果遇到他人犯了错误，而这个人又是一个头脑比较有条理的人，那么我们提醒时只需轻轻触及话题的边缘，而不必深入谈论，让对方明了意图即可。正如一面上乘的鼓，鼓面质量好，不用很大的劲敲就会很响。所以明事理的人犯了错误只要提醒就会更正缺点或错误。

有时候，点到为止，能够让对方更快的接受你的意见或者建议，原因很简单，你没有直接揭穿，给他留了面子，即便知道你在批评他，他依旧感受到如坐春风般的舒适，而你的做派不仅能体现出自身的涵养，还容易赢得受教者的好感，为之后的人际交往奠定良好的基础。

人非圣贤孰能无过，无论是有心之过还是无心之过，人总是会在犯错之后懊恼，这时如果听到外界的批评尤其是那些过火的批评心里或许会更难受，甚至产生抵触情绪，因此，我们批评犯错之人时一定要控制好语言，不可太露骨，旁敲侧击能够达到目的决不直言不讳。而且这种暗示的方法还能够显示出说话者的说话技巧和语言魅力。

俗话说“过火饭不要吃，过头话不要说”，如果你面对问题时缺少理智，说话不注意措辞、不知轻重，而对方自尊心又强，那么很可能弄巧成拙，不仅不能“化危机为转机”，还可能让彼此的关系破裂。因为没有人喜欢被迫购买或遵照命令行事。

被誉为“纸币之父”的张咏和寇准是好友，据《宋史·寇准传》记载：

张咏在成都，听说寇准要当宰相了，对他的跟随者说：“寇公奇才，惜学术不足尔（寇准天纵奇才，治理国家是把好手，只可惜学术不足）。”作为至交好友，张咏很想找机会劝诫寇准。恰逢张咏从成都任职期满到朝廷候差经过陕西时寇准也在那里，于是他们得以有机会见面。

临分手时，寇准问张咏：“何以教准（你有什么要教导我的吗）？”张咏本就有意劝说寇准多读书，现在寇准自己来问他，他当然想将自己的想法告诉寇准，但是寇准现在毕竟官居高位，即便是好友张咏也觉得直截了当地说可能会让对方反感，于是不紧不慢地说：“《霍光传》不可不读也。”寇准当时不明白张咏说这话的意思，但是又没有好意思直接问，于是回到家里后赶快取《霍光传》来仔细阅读，当读到“光不学无术，阍于大理”时，恍然大悟，哈哈大笑道：“此张公谓我矣！（张公原来说我不学无术。）”从此以后，寇准认真读书，学问大有长进。

张咏临别时的一句赠言：“《霍光传》不可不读”将自己对寇准学术方面的怠慢绝妙地表达了出来。如果张咏直接对寇准说，你治理国家有一套但是学问欠缺，以后多读书，我们来想象一下，寇准会有什么样的反应，即便当时他没有反驳或者生气，可是也会多少有抵触心理，不会认真的读书，而张咏通过让他读《霍光传》这个委婉的方式，就使寇准愉快地接受了自己的建议。正所谓：“响鼓不用重锤敲”，寇准是聪明人，也是知错能改的自觉人，因此只需轻轻点拨即可。

高明的批评者都明白这一道理，于是多采取一种十分高明的暗示手段，而且很注重掌握说话的分寸，不会造成被批评者的逆反心理，更容易达到批评和警示的目的。

有一位经验丰富的班主任曾经说过：“教育有时就如一件衣服沾上了泥点，想马上擦掉，反而越擦越脏，不如等泥晾干，再用手轻轻一弹，干涸的泥点便会轻轻地剥落下来。”由此可见，做事不懂分寸，可能会将原本简单的事情变得更加糟糕。

当你善意地对对方提出批评时，多运用“响鼓不用重锤敲，点到为止”的语言艺术，不仅能纠正对方的错误，还能为你赢来他人更多的掌声。

拿不准的问题不要武断

一情况下，人们在知道自己犯了错误时，即使是很快的醒悟，也不愿意承认，所以这时就需要出现一个能够给予他指导和纠正错误的人。

一般人对于善意的提醒和批评都会接受，但是人们总是愿意相信自己通过实践得出的结论，习惯于通过独立的思考发现问题的所在。但是对于那些自己未必相信的事情，还是会愿意多听一听、看一看，然后再下判断。

所以当你给他人提出建议时要给他人考虑的余地，尽量缓冲你的判断结论，然后告诉对方这只是你的判断，声明这只是个人的看法，或者是亲眼看到的事实，因为可能别人跟你有不尽相同的经验。那么在将你的看法传递给对方时一定要避免使用独断专行的词语，如“绝对是这样的”、“全部是这样的”，或者“总是这样的”，而要采用一些委婉的措辞，如“有些是这样的”“有时是这样的”“大多数人都是这样的”。

对那些自己没有亲历、不了解的事实，或存有疑点的问题发表看法时，选择词语时尽量用限制性词语，如：“仅从已掌握的情况来看，我认为……”“如果情况是这样的话，我认为……”“这仅仅是个人的意见，不一定正确……”这样，你的言辞就会比较客观，而且当出现新的情况时也可以随时改变意见，为纠正自己原来的看法留有余地。

其实暗示性的策略语言多委婉、含蓄、隐蔽，利用弦外之音巧妙地表达自己想批评的内容，而被批评者需要经过思考才能领悟到其中的含义。

1887 年 3 月 8 日，美国牧师及演说家亨利・华德・毕奇尔逝世。因他的逝世，很多牧师哀伤不已，为了缓解他们的情绪，莱曼·阿伯特被邀请来为他们做演讲。

莱曼·阿伯特特别想利用这个机会表现自己，于是他将演讲稿反复地修改，而且不断地加以润泽，希望可以打动别人。为了保险，莱曼·阿伯特改完之后，读给妻子听，希望她可以给些意见。

事实上，虽然他这次比任何一次都认真，但是他的演讲稿却和之前的演讲稿并没有任何区别，可是看到他高涨的热情，妻子没有直言不讳，而是告诉他："亲爱的，我觉得如果你的演讲稿登在《北美评论》杂志上，将是一篇极佳的文章。"

莱曼·阿伯特很快便明白了妻子的意思，于是撕掉了演讲稿，从那之后，他演讲再没有写过底稿。

在奉劝别人时，一定要思考应该以什么样的方式把它说出来而且不会让对方难堪，再把话挑明，也许会减少一层伤害。我们来试想一下，如果莱曼·阿伯特的妻子，直接告诉他："莱曼，我觉得你写的糟糕极了，根本不是演讲稿而像百科全书，枯燥无味，听众一定会睡着的。你已经传道很多年了，难道没有更好的认识吗？看在上帝的份上，你最好像普通人那样说话，让自己的表达自然亲切一点，如果你拿着你的演讲稿去演讲只会自取其辱。"莱曼·阿伯特会是什么表情，也许他会深受打击再也不愿意去演讲，也许他会觉得妻子太刻薄了，毕竟她不是这方面的专业人士，有什么权利将自己批评得一无是处呢？是不是在她的眼里我一无可取？

因为妻子的表达问题，可能给以后的夫妻生活埋下隐患。而莱曼·阿伯特的妻子却恰恰相反，她的批评很有技巧，即称赞了演讲稿写的很不错，也巧妙的暗示了莱曼·阿伯特的演讲稿可能不适合演讲，在保住了丈夫自尊心的前提下，又给了他很好的建议。

所以当你对对方提出批评时，尤其是那些因没有搞清楚事实或者不是自己擅长的领域，都不宜说过头话，用“藏颖词间，锋露于外”的形式更合适。为了让对方信服，我们还可以通过列举和分析现实真实的案例，暗喻其错误；也可以通过列举分析历史人物是非，让其明白其错误；当然也可以通过分析正确的事物，将其犯的错误通过比较凸显出来……

当然除了上面几种方式以外，还有很多暗示法也很有效，如通过故事暗示，用生动的形象增强感染力；通过笑话暗示，不仅可能增加幽默感，还不会使犯错者尴尬；通过轶闻暗示，通过轶闻趣事，使他听批评时，即使受到影射，也易于接受。总之，我们的目的是为了使人反思领悟，从而自觉愉快地接受你的意见，改正错误。

批评也需和风细雨

说到批评，我们想到的第一件事就是严厉的语言。其实，并不是所有的批评都是暴风骤雨式的，和风细雨的时候也不少。在现实生活中，不管是在时装设计方面，还是在随意交谈的过程中，“含蓄”都颇有讲究。从某种意义上来说，每个人都有很强的自尊心，所以我们在批评别人的时候，千万不要伤害其自尊心。就算你是一片好心，如果想要对方心悦诚服地接受你的批评，用语也要含蓄委婉。

含蓄能让自己和他人都保持自尊。在生活中，如果我们很想表达一种想法，但又觉得说不出口，就可以采用“含蓄”的方式。毫不夸张地说，含蓄是一种情趣、一种修养、一种韵味。一个人说话时要是失去了情趣、修养和味道，语言就会失色很多。

当然，在我们运用含蓄式的批评时，场合也非常重要。通常，有第三者在场的情况下，哪怕是最温和的批评也会让对方恼羞成怒。不管你的批评对与错，他都不会领你的情，甚至对你怀恨在心，因为他觉得你让他颜面扫地。因此，你可以用恰当的词语代替“批评”，表面上看起来漫不经心，实际上却很直接。

一天中午，查尔斯·斯科尔特在他管理的美国钢铁公司的一家钢铁厂看见了这样的一幕：几个工人正在抽烟，而他们的头上赫然竖立着一块写着“禁止吸烟”的大牌子。如果你是斯科尔特，你会作何反应？是不是会直接走上前去，指着那块大牌子说：“你们不识字吗？”很多管理者的确是这样做的。可是，斯科尔特并没有。

他径直向那些人走去，给了他们每人一支雪茄，然后说："各位，如果你们能到外面抽雪茄，我一定会感激不尽的。"几位工人立刻明白了怎么回事，对斯科尔特也更加敬重了。

当面指责别人，肯定会遭到对方顽强地反抗，而不着痕迹地暗示对方认识到自己的错误，则会收获尊敬和爱戴。在批评别人之前，我们可以先将对方赞美一番。例如，某家长为了让孩子用心地学习，决定改变之前严厉的说话方式，改用赞扬式："宝贝，我们都为你而觉得自豪，因为这个学期你的成绩进步了。但是，如果你的数学成绩能再好一些，就更好了。"

此外，我们还要明白一件事，如果真的是对方的错，你必须让他承认并改正，也尽量不要用"你错了"之类的词语。你可以讲究一些技巧，使对方听不到"你错了"这样的词汇，但是却让他明白是"错了"的意思。

就像一位哲人说的那样："必须用避实就虚的方式劝导别人，告诉他不知道的事情似乎是他忘记的。"

学会含蓄式的批评，才能让对方体面地接受，这种方式是对自己和他人的尊重。点到为止，让对方意识到错误就足够了，千万不要上纲上线，深究或指责，否则一旦你开始变得咄咄逼人，就正好犯了和对方一样的错误。

婉转拒绝，让对方愉快地接受

我们总是会遇到这样的情况，朋友、亲人、同事会提出一些不合理或者是自己都没有办法办到的要求。有人面对这种不合理的要求，不敢或者不知道怎么说“不”。中国的大多数人都受传统文化的影响，奉行中庸之道，总是怕拒绝了别人会伤了和气，以后没有办法相处。可是却忽略了一点：人心总是不足的，答应了一次可能就有第二次，如果对方的要求恰巧是你无法做到的，那么会带给你更多的困扰。

于是乎，生活中出现了很多这样的人，为了迎合别人，不停地奔波，甚至有时候需要委曲求全，事后常常哀叹后悔却无济于事，但是因为难于摆脱这种“无力拒绝症”，而自责、自卑。喜剧大师卓别林曾说：“学会说‘不’吧！那你的生活将会美好得多。”那么我们该如何拒绝别人才能够做到既不伤害彼此之间的情谊又可以将对方的失望和不快控制在最小的范围内呢？最好的方式之一就是将拒绝的言辞说得尽量委婉一些。

罗斯福任美国总统以前，在海军部任职。某日，一位朋友问及海军在大西洋的一个小岛筹建基地的秘密计划。罗斯福环顾四周，然后压低声音问：“你能保守秘密吗？”“当然能。”“那么，”罗斯福微笑着说，“我也能。”

不要害怕拒绝他人，如果自己的理由是正当的。有时候，拒绝是一种爱自己，爱别人的表现，让大家免受更大的伤害。当直截了当的话很难说出口时，像罗斯福这种暗示性的拒绝方式就很有效。因为暗示法语言隐晦、含蓄，将自己要传递的拒绝信息暗含在巧妙的言语中，并以此来影响对方的心理，让他心甘情愿地接受你的拒绝，从而发现自己的要求过分了。

1979 年后，钱锺书一家迁进北京。他将更多的时间用在了读书上，曾一度谢绝应酬。一次，一位英国女士读了《围城》之后特别想见见他，于是打电话向他提出了拜访的请求。这是一个善意的请求，更何况还是外国友人，但是钱锺书淡泊名利、不喜应酬，于是在接到电话之后婉转地拒绝了："假如你吃了一个鸡蛋，觉得不错，你会想到要去见一见下这颗蛋的母鸡吗？"这种富含幽默比喻的话语既委婉拒绝了对方的请求却又不失礼貌。

当然除了上面的暗示法之外，我们还可以将自己不能接受的原因委婉的讲给对方听，让对方主动放弃原来的请求，这样就可以最大程度地减少对方的不快。

当然，这种能够减少不愉快的拒绝方式，对双方的素质和能力都有一定的要求。如果提要求的一方反应迟钝不能够明白对方话语中隐含的意思，那么委婉的拒绝法就是失败的，所以这种方法地运用也会受到对方的限制

除此之外，我们在拒绝别人的时候除了要掌握语言技巧之外，还要在拒绝之后给予对方关怀，否则对方会觉得你不够真诚、不顾及别人的感受，从而影响之后的交往。可见，学会拒绝是一项重要的本领。所以，学会采用委婉的拒绝法，让他人知难而退，才是维护交际关系的最好法则。

说服需要找对时机

人的心理是客观现实在头脑中的反映，外界的刺激会引起人的心理变化。当大脑受到外界的突然刺激时，心理波动会加大，而人的情绪会相应地表现强烈。心理波动并不是不能控制，心智越成熟，在遇到刺激时，心理波动会越平缓，所以年轻人更容易冲动。因为受阅历的限制，这个年龄段的人感情有余而理智不足，在外界的刺激下更容易失去控制，做一些没有理智的事情。

要想说服时达到最理想的效果，就要掌握好时机。有经验的语言大咖在说服别人时，总是会选择在其心理受到刺激而且情绪产生强烈波动，即将突破防线做出不受理智控制的事情时，陈明利害得失，让其很快地明白其中的利害关系，恢复理智。因为这个时间是说服的最佳突破点，如果时间在早一点，对方一定会认为你小题大做或神经过敏，不会接受你的建议；如果时间再晚一点，时过境迁，已经发生的事情就是做好的证明哪里还需要你做“事后诸葛”，你的说服也已经没有了力量和意义，不会收到好的效果。

所以要想抓住最佳的时机，就要善于在人的思想、情绪容易发生变化或可能出现问题的关口及时进行说服教育。一般来说，工作调动、毕业分配、入党入团、家庭事件、婚恋受挫、提职加薪、意外事故、住房分配、子女就业、战士报考军校、退伍回乡、请假探家、负伤患病……人们在遇到面临选择或现状出现改变时都会产生情绪的波动，这也正是进行说服的最佳时机，在这种时刻及时劝导提醒，不仅能够防患于未然，还容易到达目的。

怎么能够知道说服的时机是否成熟呢？情绪既然是心理波动的直接反应，那么观察被说服对象的情绪变化就是判断时机是否成熟的最好办法。如果对方听到我们的劝说时一直情绪平稳，或者心平气和地一直倾听没有反驳，那么说明我们选的时机很恰当。如果对方听到我们的话后情绪激动，甚至流露出反感或者是对立情绪，那么我们就应该自我检讨，是说话的方式、方法、观点、态度不对，还是说服的时机不成熟，不论是哪一种都要及时地终止谈话，以免造成不利的后果。然后积极观察，找出原因，采取适当的措施，创造有利的时机，使说服一举奏效。

其实，最佳时机并没有一定的标准，也没有一定的模式，要根据具体情况具体分析，在具体情况下从说服的目的出发，然后针对对方的思想状态和心理特点，自己揣摩和把握。

即便如此，想要找到最佳时机，让说服一举成功，需要说服者具有敏锐的观察力、准确的预测能力和果断、灵活的思维能力，所以平时一定要找机会锻炼这些能力，以备不时之需。让我们的说服工作，能够像杜甫诗句中“知时节”的“好雨”那样，“当春乃发生”，既能达到自己的目的，又能够做到恰到好处地滋润被说服者的心田。

谁说礼多人不怪?

如果你去拜访一个朋友，朋友对你非常客气，不管你说什么话，他都是点头称是，和你说话时也非常客套，生怕让你不高兴，生怕你怪罪。这样的话，你肯定会觉得如芒刺背、如坐针毡，觉得透不过气来，只想着赶紧逃出来，呼吸新鲜的空气。

你可能有多次这样的经历，但你可以好好想想，你会用同样的方式对待你的客人吗?

虽然这能将你的客气表现得淋漓尽致，但这种客气实在让人觉得不自在，令人窒息。不管什么时候，都请大家记住一句话："己所不欲，勿施于人。"

如果是刚见面，说几句客气话无可厚非，但如果说个没完没了，谁能受得了呢？人们之所以谈话，就是为了联络情感，增添彼此生活中的乐趣，而客气话就像是一堵横亘在彼此之间的高墙，如果不拆掉这堵墙，在墙两边的人们就只能是表面地敷衍和应付而已。

初次见面的朋友，可以说几句寒暄客套话，但第二次、第三次见面时就应该尽量避免。"阁下""府上"之类的词，如果使用的频率过高、时间过长，彼此之间就永远无法建立真挚的友谊。

记住，客气话是用来表达你的恭敬或尊敬的，绝不是用来敷衍朋友的，所以一定要懂得适可而止，用得过多就会显得迂腐、浮泛、虚伪，令人反感。要是有人帮了你一点小小的忙，比如，倒茶，你说一句"谢谢"就足够了，其他的话就无须再说。如果情况特殊，顶多说一声"对不起，谢谢你的帮忙。”也足够了。但是有些人呢，偏偏要画蛇添足地说一大堆：“啊，谢谢你，真对不起，因为这么小的事情麻烦你，我真的太抱歉，太感谢你了……”，就算你只是一个旁观者，听见这样的长篇大论也会觉得不舒服。可是，反思一下，我们自己是不是曾经也犯过同样的错误？

说客气话的时候态度一定要真诚，背得滚瓜烂熟的成语之类的客套话是最令人讨厌的，因为成语不带有任何的个人情感，客气话同样如此。它充其量只是人们用来描述客观存在的事实的词语而已，怎么能用来结交朋友呢？而且，说客气话一定要自然，没必要过于紧张。再者，说客气话时要注意站姿，过度的鞠躬作揖、摇首摆尾，会给人惺惺作态的感觉，不雅观，也没什么必要。

平时和朋友说客气话时，可以更坦率一些，一定能获得更真挚的友谊。对你身边的人稍微客气一些，如家里的佣人、你的孩子、商店的收银员、出租车司机，你的收获一定会超出你的意料之外。

最好不要说过分的客气话。在朋友家里，过分客气绝对是让主人陷入窘况的最好武器。反过来，如果你是主人，过分客气又会瞬间变成最好的逐客令。如果你不喜欢朋友们造访，那就尽量地说客气话吧，还可以欢迎他再光临，但毫无疑问，他再也不会踏进你家大门一步。

以上说明，只想告诉你一件事：过分客气只会让人觉得不自在。现在，我们一起来讨论一下说客气话时的注意事项。

没有真诚的客气话，肯定不能激发听者的好感。比如，“久仰大名，如雷贯耳”“贵号生意一定发达兴隆”“在下才疏学浅，请阁下多多赐教”……这些冷冰冰的、空洞的恭维语，如果就谈话的艺术而言，实在是有必要修正。

言之有物，任何话都必须具备这个条件。与其说“久仰大名，如雷贯耳”，还不如换成“阁下上次主持的冬季救济义卖晚会成绩骄人，令人佩服……”这是直接赞赏他的工作成绩；如果是恭维别人的生意兴隆，还不如称赞其过人的推销能力，或者赞美其高明的经营手段；如果只是说“请多多指教”显然不够，你应该投其所好，将称赞的重点放在某一个方面，这样的话他一定会觉得非常高兴的。恭维并不是要你浮泛的赞美，而是要具体地指出来，被恭维的人才会真正地感觉到骄傲。

玩笑要有度

在人际交往中，“开玩笑”是一种最常见的说话逗乐方式，能起到活跃气氛、调节情绪、营造和谐轻松氛围的神奇作用，还能增加语言的魅力。但是，玩笑并不是随意就能开的，要把握一个重点：内容必须高雅。如果内容非常庸俗或太过分，往往会适得其反，伤及他人的自尊和情感。所以开玩笑时，我们要注意场合、把握尺度。

一天在外地出差的王先生正和客户会谈，电话不停地震动着，他只好对客户说抱歉然后走出会议室接电话，电话那头传来好友焦急的声音：“你在哪里？赶紧回家，你爱人从楼梯上摔下来了，被送到中心医院了。”王先生接到电话后，扔下客户飙车回到了所在的城市，闯进医院查了半天也没有找到爱人，才想起来应该打个电话问问，可是爱人说自己在家，于是他又急匆匆开车回到家，可是一进门却看到爱人坐在沙发上看电视，于是他明白自己被耍了。

他打电话给朋友，将自己的抱怨一股脑地发泄了出来，可是朋友却不知悔改地笑着说：“你也太不禁逗了，真的傻乎乎地跑回来了。”看到朋友死不悔改的样子，王先生愤愤地挂了电话，要是朋友现在就在身边，他恨不得揍他一顿。

熟悉的朋友相互开玩笑，本意是为了相互娱乐，调节气氛，而且往往这些玩笑都是一些无伤大雅的事情，既然能够活跃气氛，何乐而不为呢。可是如果玩笑开过了，就有可能伤害彼此之间的情感，让彼此不欢而散，甚至断绝了来往。所以开玩笑也要掌握好度，善意的欺骗或者是玩笑可以开，涉及隐私、人身安全等原则性问题一定要避免。

有一次，美国前总统里根到国会参加一场会议。会议开始前，他为了测试麦克风的接通情况，开了一个玩笑。他说："先生们，请注意，我们将在5分钟后开始轰炸苏联。"此玩笑一开，会场一片哗然。后来，苏联因此对美国提起强烈抗议，让里根觉得非常难堪。

由此可见，玩笑如果太过分，就会导致无法挽回的严重后果。所以，我们在开玩笑时，必须注意听者的特性。受性格、身份和心情的影响，每个人对玩笑的承受能力不尽相同，同一个玩笑，有些人能接受，有些人却觉得无法接受，这正是开玩笑的一门学问。

当然，开玩笑除了要注意分寸之外还要懂得适可而止，最好是一两句话，一带而过，而且不可将玩笑的对象只设定为同一个人，否则对方会认为你有意针对，让玩笑变了味，也就失去了玩笑的真正意义。

能够给大家带来乐趣的玩笑，一定要诙谐而不下流、风趣而不生硬，如果能够通过玩笑让人受益、发人深省，那就更有意义了。这种玩笑在人际交往中既可以放松心情，又能够营造良好的氛围，在收到欢笑的同时，也能够收获人脉。

下面强调几点玩笑中应该注意的问题：

内容要高雅，语言要文雅

玩笑是利用诙谐的语言进行交流的一种方式，目的是交流情感和思想，为沟通营造良好的谈话氛围，所以语言一定要文雅。玩笑的内容虽然因为开玩笑者的个人素质和文化修养不同，要有所不同，但是一定要健康，即便做不到让对方有所启迪或者使之精神上有所享受，也要达到娱乐的效果。如果玩笑的内容粗俗、言语粗鲁，不仅会破坏交谈的氛围，还会降低开玩笑者的格调。

态度要友善

开玩笑的过程就是情感交流的过程，如果你的态度友善，那么对方也会心平气和地回应你，如果你玩笑的时候冷嘲热讽，那么对方一定会认为你的目的就是为了发泄内心的愤懑和不满，即便当下没有揭穿你，日后也不会在与你交往。

要看对象

由于人的性格、心情、地位等的不同，对玩笑的接受能力也会有差别。即使是一些无伤大雅的玩笑，我们也要看对象，掌握说话的分寸，如果对方性格开朗，为人狡黠聪明，那么我们在开玩笑时虽然可以随性一些，但是也不可以太过，因为这种人是不会让自己吃亏的，哪怕是语言上处于弱势都不行，所以你要小心对方的反击；如果对方性格木讷，为人敦厚诚实，那么开玩笑时一定要收敛一点，不能说过激或者是过火的话，因为这类人对太前卫或者是过激的事情有排斥心理，对你的调侃无力抵抗也无力还击；如果对方的性格介于上面两种人之间，那么你的玩笑就要掌握分寸了，因为这种人有还手的能力，但是没有容忍的度量，很可能会恼羞成怒。

一般来说，男性最好不要和女性开玩笑，下级最好不要和上司开玩笑，晚辈最好不要和长辈开玩笑，正常人最好不要和残疾人开玩笑。就算是开玩笑，也要保证笑话只是单纯地博人一笑，并且要暗含尊敬、褒扬等积极含义，而不能显得轻浮、无理，坚决不能揭人短处，尤其是残疾人的缺陷。因为他们原本就因为自己的缺陷而觉得自卑，如果再听到他人不怀好意的玩笑，就会觉得被羞辱，甚至导致恶语相加的结局。

要分场合

开玩笑也要注意场合，特别正式或者庄重的场合不宜开玩笑，否则会让人觉得你不够稳重甚至是轻浮。即使是在那些适合玩笑的场合，也一定要应景，如在喜庆的场合玩笑要给喜庆的环境增添喜悦的气氛，千万不能因为开玩笑扫了大家的兴。

要避开忌讳

玩笑不能肆无忌惮，那些揭人家伤疤的事情不可拿来开玩笑，对方身上的缺点和身体缺憾不可拿来开玩笑。

玩笑既可以成为生活的调色板，让我们的生活更加多彩，也可能成为我们人生路上的绊脚石。所以开玩笑时一定要掌握一个“度”，适可而止才能活跃气氛，增进彼此之间的友谊。总之，开玩笑应该是善意的、令人欢乐的，能促进彼此之间的感情交流，而不是恶意讽刺或占他人便宜。

第四章 情商高的人是思维的把控者

一个人的想法决定了他的行动，如果连想都不敢去想，就更不要说去做了。只要你明确人生理想和目标，并且坚定地向目标迈进，整个世界都会为你让路。

拆掉思维里的墙

人们在思考问题时，因为经验的积累，会形成一种思维定式，在生活中，吸收、利用别人的经验，固然很重要，因为这样做可以让我们省去很多摸索、试探的过程，提高办事效率，有时的确能够帮助人们在直觉下做出最快最好的反应，但这种定势也同时变成了一种思考上的障碍。因此，在生活和工作中，我们应该敢于打破常规，不守旧不盲从，这样才更有益于我们的发展和成长。如果人们能经常突破常规，突破思维定式来思考问题，成功一定会更多地降临。

有一家很有名的公司，公司中有一个很奇怪的规定：谁也不要走入那间没有门牌号的房间。经理只是这样交代自己的员工，却从来没有说明其中的缘由，也没有员工问过为什么，因为他们认为好员工的标准就是“服从”。因此，他们都牢牢记住了经理的话，没有一个人进入过那个房间。

不久以后，这家公司又招聘了一批员工，经理对新员工重申了上面的要求，并叮嘱他们千万不要进入那个房间。

“为什么不能进呢？”新员工中有个人小声地嘀咕了一句。

“没有为什么，这是规定。”经理严肃地说。

这样的回答不仅没有说服那位新员工，反而更加激起了他的好奇心。他决定一定要找机会进去一探究竟。同事们纷纷劝他，冒这个险干吗，不听经理的话有什么好果子吃。

有一天，那位新员工来到了没有门牌号的那个房间的门前。他先敲了敲门，里面没有声音，他随手一推，门开了，不大的房间里只有一张桌子，桌子上放着一张纸条，上面用红笔写着几个字：“拿这张纸条给总经理。”

虽然那位新员工很失望，但既然做了，就做到底，他拿着纸条去了总经理的办公室。但是出乎意料的是，他不仅没有被解雇，还被任命为销售部的经理。

“为什么呢？”年轻人好奇地问。

“你走进那间屋子，这说明你有敢于打破常规的精神，所以，我相信你一定能胜任这份工作。”经理答道。

事实证明，经理的眼光是正确的，后来那位新员工把销售部的工作做得蒸蒸日上，创造了非常好的业绩。

不守旧，敢于打破常规的做法常常会伴随着风险，但是同时也会拥有更大的收获。只有敢于创新、敢于打破常规的人，才能够达到别人所不能达到的高度，采摘到丰硕的成功之果。

在智利的首都圣地亚哥市有一家别具特色的餐厅。门口的迎宾是鹦鹉，见到客人它们会热情地用英语、法语、西班牙语等多种语言向顾客打招呼。随后，一只身穿漂亮时装的金丝猴会礼貌地上前将客人的衣帽接过来，放到衣帽室里。之后，一只长耳犬会叼来菜单让顾客点菜。而上餐的则是系着围裙的长毛猴。等顾客用餐完毕后，金丝猴又会乖巧地为顾客取来衣帽，同时，不忘用另一只手里端着的盘子提醒顾客付小费！

这家独具特色的餐厅凭着与众不同的服务每天都吸引着很多世界各地的客人。而餐厅的老板也因为这打破常规的做法而收益颇丰。

有些情况下，按照常规办事的确能节约我们的时间和精力。然而当常规已经不再适应新的时代和环境的时候，我们就应该打破常规，换一种思维，换一种途径。因为只有这样，才有可能化被动为主动，化不利为有利，在困境中找到出路，在绝望中发现希望，从而取得非凡的成就。

美国著名管理专家彼得·杜拉克曾经针对企业管理说过一句话：“不创新，就死亡。”其实这句话也适用于生活。如果一个人总是因循守旧，得过且过，那么他将失去发展和成长的动力；如果一个人敢于打破常规，解放思想，那么他就很有可能会获得成功。因为成功，从来都不是循规倒矩能够拥有的。

改变自己才能改变世界

人是需要交往和尊重的“社会人”，生活在社会中、参与社会生活就一定会受到社会规范的制约。因此，我们需要根据社会的要求和规则适当地调整自己，以化解个人愿望和社会要求之间的矛盾，使自己的言行更适合社会的要求，有效促进个人的发展。

人作为个体会不断接收到来自外界的信息，接收到这些信息以后，人会对这些信息进行加工并产生相应的心理体验。当然，我们从外界接收的信息并不是所有都符合自己的内心期望，当发生不符甚至相悖时，就需要我们调整自己的思维和内心，使外界信息与自己内心的认知一致，这个过程我们通常称其为“变通”。

作为一个社会人，具备变通的能力很重要。因为只有适当地变通，才能使自己适应社会的要求，实现个人成长。不知变通不仅会阻碍社会的发展，还会严重影响个人的发展和进步。

传说当初大禹的父亲鲧受命治理黄河水患，采取的是加固黄河堤坝的办法——在堤坝低矮的地方筑高修固。但是这边的堤坝还没有修筑好，那边就决堤了，真可谓是“按下葫芦浮起瓢”。最后，出于无奈的鲧悄悄偷了天上能够自生自长的息壤来修筑堤坝。然而这个办法也不能从根本上解决水患，因为河水上涨，堤坝就会随着水位的增高而增高，这样下去黄河最终会变成一条“天河”。后来，天帝知道了鲧偷取息壤的事情，大怒，于是命令火神将鲧处死了。鲧临死之前嘱咐儿子禹“一定要把水治好”。

面对滔滔洪水，大禹从鲧治水的失败中汲取教训，放弃鲧的策略，对洪水进行疏导。禹亲自率领治水群众，浩浩荡荡地全面展开了疏导洪水的艰苦卓绝劳动。大禹除了指挥外，还亲自参加劳动，挖土、挑土，和他们同甘共苦，为群众做出了榜样。由于辛勤工作，他手上长满老茧，小腿上的汗毛被磨光了，长期泡在水中，脚指甲也脱落了。

在治理洪水中，大禹曾三过家门而不入。经过十多年的努力，终于疏通了 9 条大河，使洪水沿着新开的河道，服服帖帖地流入大海，他们又回过头来，继续疏通各地的支流沟洫，排除原野上的积水深潭，让它流入支流。从而制服了灾害，完成了流芳千古的伟大业绩。

两代人治理黄河水患的事情说明，事情的发展规律并不能总是符合我们的心理期望，因此我们要适当地做出调整，换一种思路，换一种方法也许就会曲径通幽，收到意想不到的效果。想要更好地解决问题、顺利达到自己的目标，只能根据实际规律找到更合适的方法或方向；若总是一条道走到黑、不撞南墙不回头，就很可能毁了自己的前途。

程宇是一所大学的语言学专业的老师，刚结婚不久，妻子就因为患上了类风湿性关节炎而卧床不起，又因为生下女儿，妻子的病情更加严重。面对将来需要常年卧床的妻子和刚刚出生的女儿，以及自己刚刚走上正轨的事业，程宇感到矛盾重重。他的内心也曾一度迷茫和困顿，仿佛看不到生活的希望和方向。

但是程宇没有乱了分寸，静下心来分析自己的处境和现实情况。于是，他找到了两全其美的办法——自己可以把专业研究的方向定在儿童语言上，女儿刚刚出生，是自己最好的研究对象，同时，自己也会有更多的时间去照顾妻子和女儿。从此，妻子成了程宇的研究儿童语言的最好的合作伙伴，女儿则成了他最好的研究对象。朋友们去程宇的家做客时总是发现他家中处处都是小纸片和铅笔，女儿一发声，他们夫妻俩就立刻记录下来，而且每周都会录下一些女儿那用文字难以记录的“咿咿呀呀”的声音。就这样过了6年，女儿上小学的时候，程宇和妻子也圆满地向世人展示了一份打破了世界纪录的研究资料：一份儿童从出生到六岁半语言发展的最原始的资料。这种资料在国外的纪录最长的也只到3岁。

在人生的旅途中，有很多情况或突发事件是不能被预知的。因此，当遇到瓶颈的时候，不妨先改变一下自己，改变一下自己的言行、思想、思路，只有这样，才能最终改变自己的世界！

《易经》中说：“君子善变。”意思是说，人应该把握事物的内在变化规律，进而要通过自己的变化适应其变化。只要我们善于根据环境需要而改变自己，懂得变通，哪怕“行到水穷处”也一定能享受到“坐看云起时”的悠闲的人生境界。

学会变通才能少走弯路

人的一生中不可能一帆风顺，当我们在人生之路上遇到障碍的时候，盲目向前冲并不是英雄和有勇之人。在这个时候，不妨让我们放下“不撞南墙不回头”的固执，灵活地变通一下，也许会让自己少走很多弯路。

有一只蚂蚁正在沿着光滑的墙壁努力往上爬，当它爬到大概一米高的时候，许是因为它太累了，加上墙壁太滑，它忽然滑落了下来。这已经是它第五次失败了，然而，过了没一会儿，那只蚂蚁又开始沿着墙壁往上爬。

第一个人看到这种情况，不无感慨地说：“一只小小的蚂蚁竟有如此顽强的意志，让人肃然起敬。我们在生活中应该学习蚂蚁的这种精神，遭受失败的时候不轻易放弃，要勇往直前！”他从蚂蚁身上得到了鼓励和勇气。他在心里暗暗发誓，以后无论遇到什么困难都要勇敢面对，绝不轻言放弃。

第二个人看到这种情况，不无怜悯地说：“多可怜的蚂蚁呀，其实只要它稍微改变一下方向，沿着粗糙的墙角往上爬，也许它现在已经躺在屋顶睡大觉了。”他从蚂蚁身上得到了变通和灵活。他想自己一定要牢记蚂蚁失败的教训，做任何事情都不蛮干，要讲究方式方法，适时地变通一下，就可以少走很多弯路。

第三个人也在观察这只蚂蚁，他对于前两个人对同样的事情得出了不同的结论，感到不解。于是，他去请教一位智者，他问智者：“观察同一只蚂蚁，为什么不同的人会有截然不同的心得呢？到底谁的说法才是正确的呢？”智者意味深长地说：“他们两个人的想法都是正确的。但是第二个人的结论更加珍贵，因为一般人只会看到蚂蚁执着的一面，而忽略了它不懂变通、一条路走到黑的盲目和蛮干。在我们的生活中，执着的精神固然重要，但是很多时候执着只会走进死胡同，而适当灵活地变通则会让我们人生的前景更加开阔，使我们少走很多弯路。”

灵活变通是一种人生智慧，它会让我们在人生的征途上少走弯路。当一条路走不通的时候，放开思想，变通一下，你会发现人生有不同道路，可以引导我们走向成功。

曾经有一位国王，非常喜欢让别人给他画像，所以皇宫中有很多画师。但是国王不仅是个瘸子，还是独眼，很多画师不敢将国王的真实面目画出来。曾经有画师这样做过，结果国王大发雷霆，画师因此丢了性命。从那以后，每当国王要求画师给自己画像，画师们都极力美化国王，将他画成美男子，以免惹来杀身之祸。

有一天，国王又将画师们召集到宫殿中，他对画师们说：“我知道以前你们为我画像时都极力美化我的形象，今天我要求你们画出真实的我，如果谁再刻意美化我，我就要把他贬为奴隶！”听了国王的话，画师们非常沮丧，因为，画出国王真实的形象一定也会惹怒国王。后来，一位画师将自己的作品交给了国王，国王看后非常高兴，他对所有画师宣布：“这是我今生最得意的一幅画像，你们以后不用再给我画像了！”

到底那位画师是怎样画的呢？原来，那位画师画的是国王正在打猎的情形，只见国王一只脚踩在一块大石头上，闭着一只眼睛正在瞄准远处的猎物！画师们看了这幅作品以后，不禁暗自叫绝，这幅画像不仅画出了国王真实的形象，而且将国王的缺点都隐藏了起来，画上的国王雄赳赳气昂昂，好不威风。难怪国王如此开心，赦免了他们。

如果遇事，我们就像故事中的那位画师一样，转变一下思维，懂得灵活变通，就会找到更好的解决问题的办法，走出一条通向成功的捷径。

我们改变不了过去，我们可以改变现在；我们改变不了环境，我们可以改变自己。有时候，我们改变困境的唯一办法就是改变自己的思路和方法。无论做人还是做事，学会灵活变通，会让我们更快地走向成功。

给自己插上想象的翅膀吧

爱因斯坦曾经说过："想象力比知识更重要。"的确，古今中外，很多伟大的科学家、思想家、艺术家都具有丰富的想象力，很多优秀的发明创造、艺术作品也都源于人类的想象。德国化学家凯库勒在研究分子结构的时候，正是把原子设想为一条条头尾相连的环形蛇，才得出了苯分子的环状结构理论；英国物理学家法拉第，正是在磁也许能够产生电的想象基础上，连续经过了将近10年的反复试验，最终总结出了电磁感应原理，并发明了世界上第一台感应发电机的雏形。

正像上海大学教授葛红兵说的那样："人没有幻想是不行的，人类如果没有幻想过像鸟儿一样飞翔，就不可能登上月球；人类如果没有幻想过乌托邦就不会有追求社会进步的动力。"心有多大，舞台就有多大，所以，要想让自己的人生有突破性的发展，就需要尽情发挥自己的想象力。

人们擦地时总有一个习惯，将拖把用水冲湿，然后再用湿拖将地上的灰尘擦掉。但是这种方式却存在一个弊端，拖把上的水容易将地面周围的家具弄脏。美国有一家为宝洁公司设计家居清洁产品的公司，针对上面这种情况进行了大胆的设想：拖把擦地只需要把地上的灰尘吸收起来就可以了，发明一种不用淋水的拖把就可以很好地规避这个问题了。基于这样的设想，研究人员发现，根据静电引力原理，干的抹布也可以吸附灰尘。经过一系列的研究实验，他们终于发明了一种静电除尘拖把，这项发明为宝洁公司创造了超过10亿美元的利润。

可见，正是因为具有想象力，人类才不断地发明新事物、发现新规律、创造新理论、新知识，这些新的东西最终又推动了人类社会的发展和进步。马克思曾经这样形容想象力：“十分强烈地促进人类发展的伟大天赋。”想象力是上帝赐予我们最珍贵的礼物，我们应该尽情地发挥自己的想象力，让它为我们的社会和生活服务，利用它把我们的生活变得更加美好。

1972年，尼加拉瓜共和国首都马那瓜发生了大地震。在这场地震中，马那瓜这座现代化的城市瞬间变成了一片残砖烂瓦。但是，地震过去以后，人们惊奇地发现，在这片残垣断壁中，有一栋高楼毅然挺立着，这就是马那瓜18层的美洲银行大厦。后来人们才知道，这栋大厦的设计师是美籍华人林同炎先生。在设计大厦结构的时候，林同炎就想要设计一种特别的建筑结构，来彻底解决建筑物防震的问题。传统的经验都是将建筑物修建得尽可能结实，以此减少地震给其带来的损害，但这实际上根本解决不了问题，如果地震强度很大的话，再牢固的建筑物也难逃被摧毁的命运。

因此，林同炎设想，既然“以刚克刚”不能解决问题，那么“以柔克刚”是否可行呢？以这个思路为出发点，林同炎最终设计出了一种前所未有的建筑结构。其主要的思路是，当建筑物受到外界强烈的作用力时，使建筑物内的一些次要的部位开裂，这样既不会危及建筑物的安全，又能使建筑物受到的冲击力减弱，从而保障了建筑物整体的牢固性。最终，事实证明了林同炎设想的可行性，创造了后来让他获得声誉的伟大奇迹。

人类的创新促进了社会的进步，想象力则是一切创新的原动力和不竭的源泉。我们所说的想象力是建立在一定的知识和生活经验之上的，否则就是白日做梦、信口开河。因此，要想充分地发挥自己的想象力，让想象的翅膀为生活创造更多的财富，首先要使自己尽可能具备丰富的知识，这样才能为想象力的产生打下基础。

约翰·梅斯菲普曾经说过："人类的肉体是不完全的东西，人类的心也不值得信赖，然而，人类的想象力却是使人类卓越的动力。"让我们尽情发挥自己的想象力吧，用想象来创造更多的奇迹和财富。

沿着旧地图，找不到新大陆

广告词“沿着旧地图，找不到新大陆”中蕴涵着深刻的人生哲理。人们常说站在巨人肩上才能看得更远，我们获得成功的捷径之一就是吸收前人的经验，沿着前人的道路走下去。然而有时候沿着前人的足迹，恰恰会让我们墨守成规。要想获得新的成就，就必须摒弃前人那些过时了的思想和规矩，要敢于做“第一个吃螃蟹的人”，勇敢地去探索未知的世界，突破陈规。

有一天，一位年轻人和他的几个喜欢探险的朋友到一座不知名的孤岛上去探险。他们的运气糟糕极了，乘坐的船因为触礁沉没了。还好船沉没的地方离那个孤岛不远，他们几个人拼尽全力终于游到了岛上。

到了岛上以后，他们发现这里简直是他们有生以来见过的最糟糕的小岛。岛上满目疮痍，几乎没有任何动植物，石头上满是鸟粪和苔藓。更糟糕的是，他们几乎转遍了整座小岛也没有找到一滴淡水。头顶是炎炎烈日，但没有可以乘凉的地方，他们觉得自己要被晒成肉干了。

在海水中游了半天，又被太阳暴晒，他们渐渐支撑不住，累倒在海边的一块大石头上。

不知道过了过久，有位年轻人在昏迷中仿佛听到了一阵阵流水声，他挣扎着站起来，循着声音找去，可是一不小心，他从石头上跌到了海中。由于变故发生的突然，毫无准备的年轻人惊慌失措，在跌到水中之后被呛了几口水。可是当海水冲进他口中时，他并没有感觉到苦涩，反而觉得甜甜的，他以为是自己太渴了，产生了幻觉。可是当他第二次被呛到的时候，他真切地感受到了，海水居然是甜的！他一下子清醒了，为了确保自己的判断是正确的，他又刻意地喝了一口海水，这次他终于确定了，那海水真的是甘甜的。

年轻人赶紧叫起同伴，痛痛快快地喝了个饱。休息了一会儿以后，大家才觉得奇怪，为什么这里的海水是甜的呢？为了发现其中的奥秘，他们循着流水的声音继续找，终于，在一块巨大的石头旁边，他们发现了一个很大的洞，水正是从那个洞里流出来的，他们用手捧起水尝了尝，果然是淡水。这时，他们明白了，原来那个洞里冒出来的是地下水，地下水不断地涌上来流到大海中，所以，这个小岛周围的海水就变成了淡水。

有时候，经验是我们思维发展的巨大障碍。只有解放我们被经验束缚的思维，放飞自己的想象，我们才能有更多的发现和创新。

一位老师曾经给他的学生出了这样一道题目：有一个聋哑人到商店里去买钉子，他先用左手做了一个拿着钉子的手势——他把两个手指头捏在一起，放在柜台上，然后右手扮成锤头状，敲打放在柜台上的左手。售货员看到以后，为聋哑人拿来了一把锤子。聋哑人对着锤子摇了摇头，表示他要买的不是锤子，他又对售货员指了指自己捏在一起的两个手指，售货员终于明白了他的意图，为他拿来了钉子。这时候，商店里又来了一位盲人顾客。请问，这位盲人应该如何用最简单的方法买一把剪刀呢？

这时候，坐在下面的一位同学马上站起来回答道："很简单，只要他伸出两个手指，模仿剪刀剪东西的样子就可以了。"对于这位同学的回答，班上的其他同学也都表示同意。可是，老师却摇了摇头说："最简单的方法就是，他亲口告诉售货员自己要买剪刀。"

老师说完以后，台下一片嘘声，好多同学捶胸顿足，责备自己连这么简单的问题都没有想到。

学生之所以会回答错误，是因为他们受到了思维定式的影响。生活中，我们常常会受到同样的定势影响，在面对新问题的时候，还用以往的经验和知识之上形成的思维模式处理问题。所以，很多时候定势思维会成为我们思维发展的最大障碍。

每个人的脑中都有一些思维定式。在遇到新的问题时，要学会打破、超越那些旧有的思维模式，不要让那些思维定式束缚了自己发展的脚步。只有摆脱惯性思维，我们才能进行创新，取得创造性的成就。

只有想不到，没有做不到

在美国电影《阿甘正传》中，阿甘的母亲就像哲学家，总是能够在阿甘迷茫时给予他鼓励，阿甘的母亲鼓励阿甘时曾说过一句经典的台词，后来这句台词成为阿甘对他遇到的任何失意的人都会说的一句话：“妈妈说，人生就像一盒巧克力，你永远不知道下一颗会尝到什么滋味。”正是因为这句话，阿甘为了下一颗不同滋味的巧克力义无反顾地奋斗。尽管我们不知道下一刻会发生什么，但是要想有所成就就必须有像阿甘一样努力去行动的精神。

只有想不到，没有做不到。一个人的想法决定了他的行动，如果连想都不敢去想，就更不要说去做了，所以我们时常要问自己：“我该做什么？我到底想做什么？”当然，如果只是晚上想想千条路，早上起来走原路，而不愿意为此付出努力，全力以赴地去做它，那么你的人生舞台只能是方寸之地。

成功的果实不是谁想得到就能轻而易举地得到的，它也会“挑人”，也会有选择，它会选择那些有智慧，有勇气，走正道，能够坚持自己梦想的人。他，屡遭失败，多次被骗，却始终“不放弃自己第一天的梦想”，所以他成就了阿里巴巴，把阿里巴巴带入了全球最大的互联网企业之列。他就是马云。

1995 年，在马云的坚持下，“中国黄页”网站创办成功。当他费尽口舌希望顾客心甘情愿付钱把企业的资料放到网上去时，却被视为骗子；当他预言要在 5 年内让阿里巴巴打入世界互联网前十强时，人们觉得他是痴人说梦，太狂妄了。但是，事实证明，马云是对的，只有想不到，没有做不到。

12 岁时，马云对英语产生了兴趣，他经常到西湖边附近的一家酒店找老外学英语，为了练习口语，每当遇到来自世界各地的外国游客，马云就主动凑上去和人家说几句，还经常免费给老外当导游，骑着自行车带着他们围着杭州城满大街跑，这一坚持就是 8 年。

1979 年，15 岁的马云在杭州香格里拉大酒店门口结识了一对来自杭州旅游的澳大利亚夫妇。那对夫妇非常喜欢这个经常骑着自行车带着他们跑遍杭州城的中国少年，被他的韧劲、乐观、刻苦吸引。后来，在那对夫妇回国以后，马云还一直和他们保持着长期的通信往来，他们几乎每个礼拜都会通一次信。后来，这家人还邀请马云到澳洲度暑假。

马云自从上小学开始，各门功课都不是很好，尤其是数学，更是差得一塌糊涂，甚至在一次高考中，他的数学成绩只有一分。所以马云不仅没有上过一流大学，连九年义务教育也是在三流学校里完成的。初中毕业时，他非常有自知之明地选择了二流的高中，之后高考连续两次名落孙山，第三次勉强考上了杭州师范学院，念的还是专科。但是因为他在英语口语方面有着得天独厚的优势，所以大学四年如鱼得水，一帆风顺，并凭着满腔热情和一身侠气，当选了学生会主席。

毕业之后，马云在杭州电子工业学院当英语老师，他在英语课上经常会给大家讲一些课堂之外的东西，而且讲得栩栩如生，以至于到后来很多学生干脆为了听他的演讲而逃课（其他老师的课）。

马云凭借出色的英语水平和社会活动能力，很快成为一名优秀的青年教师。然而他在骨子里似乎从来就不是一个“安分”的人，1992 年，中国的经济环境发生了变化，马云和朋友一起在杭州注册成立了杭州第一家专业的翻译机构——海博翻译社，迈出了试水商海的第一步。

1995 年，马云第一次接触互联网。不久之后，他东拼西凑得来资金，创建了“海博网络”，网站取名“中国黄页”，成立了中国最早的互联网公司之一。短短的3年时间，马云利用这个网站赚了500万。

两年之后，马云开发了中国招商、网上广交会和中国外经贸等国家级的网站。1999年，他创建了阿里巴巴。阿里巴巴创建之初，没有钱、没技术、没计划，但是马云却豪气冲天，他对他的同伴们宣称：“我们要做一家80年的公司，要进入全球网站前十名。”后来，他又说：“我们要做一家102年的公司，要进入全球网站前三名。”

马云想建立一个电子商务生态系统，允许消费者和企业在线处理任何类型的业务，希望为中国创造100万个工作机会，改变中国的社会和经济环境，使中国成为世界最大的网络市场。

2004年，在“CCTV年度经济人物”候选人推举过程中，在推选企业家马云时，《中国企业家》杂志社社长兼《经济日报》出版社社长刘东华先生，曾对着镜头这样说过：“就像比尔·盖茨已经成为人类创造互联网的杰出代表一样，马云必将成为人类利用互联网的杰出代表，阿里巴巴也必将成为纳斯达克的太阳！”而马云也没有让人失望，刘东升的预言越来越接近事实，2014年，阿里巴巴集团于纽约证券交易所正式挂牌上市。马云用他的实际行动向世人证明了“只有想不到，没有做不到”。

稻盛和夫说：“纵使是不自量力的梦想，还是要在心中牢牢立下‘高目标’，并向同仁展示这个目标，共同朝着这个目标努力。”起点不论高低，只要你能找到属于自己的舞台，明确人生理想和目标，并且坚定地向目标迈进，整个世界都会为你让路。

穷人比富人少什么?

现实生活中，有富得流油的人，也有穷得揭不开锅的人。同样勇于克服万难去建功立业，为什么换来不一样的结果呢？答案即是心态。

下面这个故事会告诉我们：穷人最缺少的是什么？

法国一位年轻人以推销装饰肖像画起家，经过不懈的努力，他彻底摆脱了贫穷的命运，在不到10年内成为法国50大富翁之一，成为年轻的媒体大亨，扬名世界。遗憾的是，命运之神跟他开了一个玩笑，他在1998年死于前列腺癌。他去世后，法国一家报社刊登了他的遗嘱。在这份遗嘱里，他说："我曾经是一位穷人，在以一个富人的身份跨入天堂的门槛之前，我把自己成为富人的秘诀留下，谁若能通过回答'穷人最缺少的是什么'而猜中我成为富人的秘诀，他将能得到我的祝贺——我留在银行私人保险箱内的100万法郎，将作为睿智地揭开贫穷之谜的人的奖金，也是我在天堂给予他的欢呼与掌声。"

他的这份遗嘱在法国引起了轩然大波，前后有18461个人寄来了自己的答案。大部分人认为，穷人之所以贫穷，最缺少的是金钱。另一部分人认为，穷人之所以贫穷，最缺少的是发财的运气和机会。也有一部分人认为，穷人之所以贫穷，最缺少的是技能。更有人说，穷人之所以贫穷，最缺少的就是有权势的父母、亲人或朋友。

他的律师和代理人在公证部门的监督下，打开了他存放在银行里的保险箱。在这位富翁逝世周年纪念日上，公布了他的致富秘诀。原来，他认为穷人只有拥有了成为富人的野心，才能彻底摆脱贫困的命运。

在众多寄答案的人里，只有一位年仅 9 岁的女孩回答对了这个问题，因此她引起了人们强烈的好奇。在接受 100 万法郎的典礼上，这位女孩道出了她的秘诀："每次，我姐姐把 11 岁的男朋友带回家时，总是警告我说不要有野心！不要有野心！于是我想，也许野心可以让人得到自己想得到的东西。"

谜底的答案震动了法国，并很快传到了英美。对此，一些富翁均毫不掩饰地表示：野心是永恒的"脱贫"特效药，是所有奇迹之花开放的起点。而穷人之所以穷，大多是因为他们"缺乏致富的野心"。

拿破仑曾经说过，不想当将军的士兵不是好士兵，同样的，不想成为富人的穷人永远都是穷人。实际上，穷人之所以穷，家庭环境等在内的因素固然重要，但更重要的因素却是自己。如果你想摆脱"贫民窟"，那么你首先要有致富的欲望，和面对失败用之不竭的勇气。

湖南衡东县霞流镇李花村的一位普通农民龙金平被人们称为"咸蛋黄大王"。他的家乡有养鸭的传统，他家紧靠京广铁路，由于家境贫寒，9 岁时就不得不每天用篮子提着鸭蛋去火车站，偷偷卖给列车员，凑自己的学费和生活费。

1980 年，龙金平高中毕业后，到衡阳市一个建筑队打工，工资是每月 16 元。那时，他每天都要将 2400 块红砖挑上 6 楼。拿到第一个月工资时，他流下了激动的泪水。因为他知道，乡下的父母辛苦半年也赚不到这么多钱。

一年的打工生涯让龙金平成熟了很多。城里固然好，但龙金平深深怀念着自己的家乡和亲人，他相信在家乡照样能发财。于是，他辞掉了工地的工作，揣着钱回到了那块亲切的热土上，并发誓要干出一番事业来。

那时，虽然改革开放的“春风”已经吹遍了神州大地，但一些政策仍然没有完全开放，因此城里人很难吃到农村的新鲜鸭蛋。敏锐的龙金平嗅到了商机，决定和爱人挑鸭蛋坐火车到广东去卖。他们晚上 10 点多到广东，在火车站旁边的大樟树下坐着睡一觉，第二天一大早，提心吊胆地把鸭蛋挑到清平市场卖。一次来回需要一个星期，可以纯赚 50 元，这在当时是一笔很可观的收入。

龙金平并没有就此满足，他意识到，乡亲们虽然有养鸭的经验，但是只靠卖鸭蛋赚的利润太少了，营销途径也只局限于农贸市场，利润空间非常小。于是，他有了开办蛋品加工厂的打算。

在龙金平的努力下，1997 年 4 月，集鸭蛋收购、加工、销售业务为一体的衡金优质农产品有限责任公司诞生了。接着，他引进先进技术，对鸭蛋进行深加工，大大增加了产品附加值，并带动了鸭蛋产业的全方位发展。

如今，龙金平创建了以衡金优质农产品有限责任公司为龙头，全国最大的咸蛋黄加工基地。2001 年，该公司共向北京、广东、上海、香港等地销售咸蛋黄 1980 万只，实现产值 1600 万元。在他的影响下，鸭蛋业已成为衡东县的支柱产业，全县共有 3.1 万农民因从事相关工作而发家致富。

在激烈的市场竞争中，强烈的致富欲望是必不可少的。永葆致富的欲望能激发出强大的力量，让你勇敢地跨过人生的每一个障碍。

正如比尔·盖茨所说：“如果一生只求平稳，从不放开自己去追逐更高的目标，从不展翅高飞，那么人生便失去了意义。”一个人只有拥有了致富的欲望，才能不断地在潜意识中提醒自己，激励自己，这种欲望越强烈，就证明你离财富越近。相反，如果连你自己都不自信，不相信自己能获得财富，那么你的人生也就很难有突破了。

所以，不是穷人更愚蠢，而是他没有摆正自己的心态，怀着消极的态度，对工作、对他人、对自己都不抱希望，没有热情，即使遇到好的机会，也把握不住，永远得过且过，只能收获失败。而充满乐观和信心地面对人生，会在事业和生活中取得比别人更优异的成绩，更容易获得成功。正所谓态度决定命运，积极的态度有助于你获得成功。

你知道自己想要什么吗?

你有没有过这样的感受，每天都很忙碌，却看不到成绩。为什么会这样呢？我们不妨仔细地想一想，你每天有多少时间，是真正知道自己在做什么的？你做的每件事情，是不是有清晰的目标。多忙不重要，忙什么才重要，人生最大的麻烦和问题，就是没有设定目标，不知道自己为什么而忙碌，不知道自己想成为一个什么样的人。人的一生，白驹过隙，没有人生目标的人，少有规划，不仅白白浪费光阴，还注定成为别人进步的铺路石。

给人生设定目标，就会给自己带来无形的动力，目标是最能撬动潜能的杠杆。在很多时候，我们认为自己“行”的时候，就会觉得有无穷的力量和勇气，在困难面前像个勇士。目标是人生路上的灯塔，能用不灭之光照亮人生的前程。我们每个人的人生都只有一次，人应为自己的目标去努力奋进，不管是否成功，你的生命依然会精彩。

心理学家曾经做过一个相关的实验：

组织 3 组人，让他们分别向 10 公里以外的 3 个村庄进发。

第一组人既不知道村庄的名字，也不知道路程，只告诉他们跟着向导走就行了。刚走出两三公里，有人就开始叫苦不迭；走到一半的时候，有人愤怒了，开始抱怨，问向导到底何时才能走到终点，有人甚至坐在路边不愿走了。越往后走，他们的情绪也就越低落。

第二组人既知道村庄的名字，也知道路程，但路边没有路标，只能凭经验来估计行程的时间和距离。走到一半的时候，很多人都想知道自己走了多远了，于是有经验的人说："大概走了一半的路程。"于是，大家又簇拥着继续前进。当走到全程的 3/4 时，大家的情绪开始低落，觉得疲惫不堪，而路程似乎还有很长。当有人说"快到了"的时候大家又振作起来，继续前进。

第三组人不仅知道村庄的名字、路程，而且还知道公路旁每一公里就有一块记录路程的路标。他们边走边看路标，每缩短一公里大家便会欢呼。行进中他们用歌声和笑声来消除疲劳，情绪一直很高涨，所以很快就到达了目的地。

心理学家最后得出这样的结论：当人们的行动有了明确的目标，并能把自己的行动与目标不断地加以对照，进而清楚地知道自己的行进进度与目标之间的距离时，人们行动的动机就会得到维持和加强，就会自觉地克服困难，努力达到目标。

在我们的生活中到处都有路标，却没有目标。人生没有目标就容易失去方向，如同无舵之船、无缰之马，离成功只能越来越远。罗斯福的夫人艾莉诺与萨尔洛夫将军曾有这样一次对话。艾莉诺在本宁顿学院念书的时候，打算在电讯业找一份工作，以补贴生活。她的父亲为她引见了自己的好朋友——当时担任英国无线电公司董事长的萨尔洛夫将军。

萨尔洛夫热情地接待了她，并认真地问："想做哪一份工作？"她回答说："随便吧。"萨尔洛夫神情严肃地对她说："没有任何一份工作叫'随便'。"片刻之后，萨尔洛夫目光逼人，以长辈的口吻提醒她说："成功的道路是目标铺出来的。"

的确如此，如果人生没有目标，就好比在黑暗中远征。人要有目标，一辈子要有一辈子的目标，一个时期要有一个时期的目标，一个阶段要有一个阶段的目标，一个年度要有一个年度的目标，一个月要有一个月的目标，一个星期要有一个星期的目标，一天要有一天的目标……一个人追求的目标越崇高越直接，他进步得就越快，对社会也就越有益。有了崇高的目标，然后矢志不移地努力，就会成功，反之将一无所成。

将心理学家的结论用哲人的语言来表达，那就是：伟大的目标构成伟大的心灵，伟大的目标产生伟大的动力，伟大的目标形成伟大的人物。

有个叫托马斯的中年人，经营着一家只有十多个人的小企业，经营过程中遭遇了经济危机，靠着大量借贷才总算避免了破产。令人们感到不可思议的是，此刻托马斯却认为，危机之后是极大的机遇，公司应该提高眼界，更上一层楼，成为“真正具有全球地位的大公司”。他的儿子回忆当时的情景，说：“那天，家父下班回来，抱着母亲，骄傲地宣布：从今以后，‘计算制表记录公司’改了一个响亮的名字——‘国际商用机器公司’！我站在客厅的走廊上想，就凭那家小公司？确实，家父当时所经营的只是个负债累累的小公司，到处都是叼着雪茄的家伙，卖的也只是咖啡研磨机和屠夫用的磅秤，而不是什么国际商用机器。”

事实证明，在看待企业未来发展的事情上，托马斯的眼界和远见确实胜人一筹，他将“国际商用机器公司”发展成了具有世界影响力的International Business Machines Corporation，即IBM。

有大量的事实证明，成功源于有明确的目标。但是，目标并不是不切实际地越高越好。每个人都有自己的特点，有别人无法模仿的一些优势。只有好好地利用这些特点和优势去制定适合自己的高目标和实施目标的步骤，才可能取得成功。

对任何人都一样，在实施目标时，只有目标既是未来指向的，又是富有挑战性的时候，它才是最有效的。古今中外凡在智能上有所发展、事业上有所成就的人，无不有着明确而坚定的目标。

英国前首相本杰明·迪斯累里原本是一名并不成功的作家，出版数部作品却无一能给人留下深刻印象。后来让很多人没有想到的是，迪斯累里竟然转而涉足政坛，并决心成为英国首相。他克服重重阻力，先后当选议员、下议院议长、高等法院首席法官，直至1868年实现既定目标成为英国首相。对于自己的成功，在一次简短的演说中迪斯累里一言以蔽之："成功的秘诀在于坚持目标。"

明确而坚定的目标是赢得成功、有所作为的基本前提，因为坚定目标的意义，不仅在于面对种种挫折与困难时能百折不挠，抓住成功的契机，让梦想一步步变为现实，更重要的还在于，身处逆境能产生巨大的奋进激情，使自己的潜能得到最大发掘与释放。

人生就是个不断进取的过程，你有什么样的目标，就决定了你将有怎样的人生。从现在开始，认识自己，用心灵的"过滤器"来衡量自己的人生。

人生需要定位

每100个人中有98人不满他们的世界，总觉得身边的人过得比自己好，觉得也许我也可以尝试着改变。人生没有模式，其实，不同的人应该有不同的人生。因为每个人的性格、经历和成长的环境不同，所走的人生道路也会不同。有人喜欢轰轰烈烈，有人喜欢平平淡淡，有人喜欢独当一面，有人希望躲在别人的背后。但不管怎样，要想追求成功的人生，一定要给自己的人生定位，防止迷失。

要恰当的定位人生，首先要正确地认识自己，不可过于夸大自身的优势，也不可低估了自身的能力，然后按照自己的社会定位，从身边做起，从今天做起，让自己成为一个内心完善的人。无私奉献、淡泊名利，兢兢业业、任劳任怨，耐得清贫、受得寂寞，不比职务、不比待遇，只有内心真正从容淡定，才能不被人生的起伏得失所左右。

现实总是比理想残酷，于是很多人在求而不得之后变得困惑，不知未来的路在哪里，不知道自己究竟想要什么样的生活，适合做什么工作。工作压力磨灭了工作激情，越干越累，继续还是放弃？就如同鸡肋一样，食之无味弃之可惜，没有办法决断；同学、曾经的同事，事业有成，而自己始终没有起色，于是怀疑自己是不是选错了职业，考研充电、跳槽，还是转行？

其实，所有迷茫的根源，都是因为缺乏人生正确定位。换句话说，就是缺少一个奋斗目标，没有职业的定位。

无论是生活还是职业，没有对与错，只有合适不合适，个性、天赋、才能、所处的环境都会影响到这个定位，只有认真地分析自己的特点，深刻了解自己的核心竞争力，在开创事业的时候，胜算的把握才能更大一些。即使一开始走了弯路也不要紧，因为世上本没有无用的垃圾，只有放错位置的资源。那些曾经的过往只要我们好好地利用都会成为人生有意义的助力，因为在现实生活中，两点之间的最佳距离可能不是直线，而是曲线。

刘永森对速记学术造诣颇深，因为喜欢速记，所以经常练手，很快很多人都知道了他有速记的绝活，一次偶然的机会，他结识了中央党校的一位老先生，并应邀为他做速记，由于有经验，他的出错率极低，很快由老先生口述，由刘永森记录的书就出版了。而他的名字也被更多人熟知，很多人慕名而来。

刘永森发现北京的速记市场覆盖率当时居然不足10%，于是从中发现了商机，注册了中国改革开放后第一家速记实体北京文山会海速记公司。

作为中国速记速录的领军者，刘永森深知汉语速记工作者的艰辛，并下定决心要改变这种现状。经过不断地实践，他将索恒汉语速录机与计算机词库和系统资源优化整合，实现了索恒速录机编码和计算机系统的完整无缝对接技术，使之能够完全整合现今中国最先进的输入法和操作平台，使速记更加的简便，2003年第一台索恒速记机诞生，打破了亚伟中文速录机一统天下的独霸局面。老一辈速记专家、中国速记泰斗、中国斜体速记之父颜庭超教授盛赞刘永森发明的索恒速记机“是一个创造！是我们中国人自己的速记机”。

刘永森之所以能成功就是因为他发挥了自身的优势，找准了自己的定位。每个人都有自己的核心竞争力，有的人适合在商海搏击，有的人适合传道解惑，有的人适合在战场上厮杀扬名立万，有的人适合在娱乐圈摸爬滚打。无论是哪一种，只要是适合自己的，就能在奋斗的过程中体会到快乐和满足，能最大限度地发挥自己的聪明才智，能在自己的行业中取得成功。

给自己的人生定位，能够决定你一生的发展方向和命运。如果让你在迷茫中虚度一生和在一步步实现目标中体验人生的真谛之间做选择，你会选择前者还是后者？大多数人都会毫不犹豫地选择后者。所以，我们应该从现在开始，明确目标，端正态度，认真对待自己的人生。要知道，人生来就是平等的，之所以在今后的发展上有所不同，取决于你对待人生的态度。

把握机遇才能抓住财富

机遇对我们每个人都是公平的。它总是稍纵即逝，从来不会为某个人而驻足。抓住机遇的人就会成功或富有，而对它视而不见或不积极争取的人就会失败或贫穷。

这个世界并不缺少致富或成功的机遇，而是缺少发现这些机遇的眼睛。因此，具有一双能抓住机遇和成功的“慧眼”非常重要。

菲勒出生在贫民窟，他和很多出生在贫民窟的孩子一样争强好胜，顽劣，经常逃学。但是，他又和别的孩子不同，因为他有善于发现财富的非凡眼光。他将一辆从街上捡来的玩具车修好，然后以每次 0.5 美分的价格租赁给同学们玩。一个星期之后，他赚到了一辆新玩具车的钱。对此，菲勒的老师无限惋惜地对他说：“如果你出生在一个富人家庭，你一定会是一个出色的商人。只可惜，现在的你最多只能成为一个街头商贩。”

菲勒中学毕业后，正如他的老师所说，他真的成了一名小商贩。他卖过电池、小五金、柠檬水，每一样都经营得不错。与贫民窟的同龄人相比，他已经算是出人头地了。但是，菲勒并不满足于当一个小商贩，最终靠卖丝绸起家，从小商贩摇身一变成了有名的大商人。

为他的事业奠定经济基础的这些丝绸来自日本，足足有一吨重。由于在轮船运输的过程中遇到了风暴，这些丝绸被染料浸染了，日本人为如何处理这次废弃的丝绸大伤脑筋。他们想卖掉丝绸，但谁愿意买一堆废品呢？他们想把丝绸运出港口后丢弃，又怕被环境部门罚款。思前想后，日本人最终决定在回去的途中把丝绸抛到大海里。

港口附近有一家地下酒吧，菲勒是那里的常客。一天，菲勒无意中听到了日本海员与酒吧服务员关于丝绸的谈话，他顿时大喜，他知道自己发财的机会来了。

第二天，菲勒来到轮船上，声称他可以处理掉这批丝绸。结果，他没花一分钱就得到了这批被浸染的丝绸。他把这批丝绸制成迷彩服、迷彩领带和迷彩帽子，从而获得了10万美元的巨大利润。

有一天，菲勒看上了郊区的一块地，觉得前景不错，于是花了10万美元买了过来。地的主人拿到10万美元后，暗暗嘲讽菲勒："这么偏僻的地方，只有傻子才会出那么高的价。"出人意料的是，一年后，市政府宣布在郊区建环城公路，菲勒的那块地的价格足足翻了150倍。城里的一个富翁找到菲勒，表示愿意用2000万美元的价格买下那块地，因为他想在那里修建别墅群。但菲勒拒绝了，因为他知道那块地还会升值。果然，3年后，他以2500万美元的天价卖了那块地。

菲勒临死前，让秘书在报纸上刊登了一条消息，说他即将去天堂，愿意给失去亲人的人带口信，每人收费100美元。这个荒唐的消息引起了很多人的关注，结果他又赚了10万美元。如果他再坚持几天，肯定能赚更多钱。

菲勒的遗嘱也很特别，他让秘书登了一则广告，说他是一位绅士，愿意和一位有教养的女士葬在一起。结果，一个贵妇愿意出资5万美元和他一起长眠。

从菲勒发家致富的故事中我们可以看出，发现机遇的眼光、抓住机遇的勇气和决心对一个人的成功或致富极为重要。

由于机遇所具有的时间短暂性、产生的偶然性以及发现的意外性等特点，因而要求那些希望抓住机遇的人必须具备随机应变的能力，对情况的发展变化快速做出反应。

牛仔裤自1853年问世以来，历经一百多年而不衰，与它的创始人列维·施特劳斯及其后人善于随机应变、及时改造产品质量是分不开的。

列维是犹太人，20岁那年，被当时的淘金热吸引到美国西部，成了一名淘金者。他挖了一段时间的矿，结果却收入甚微。他发现，成千上万的淘金者迫切需要生活上的供应和服务，于是他果断地放弃了淘金的“本职工作”，开了一家日用品小商店。

有一次，他带了一些小商品和搭帐篷用的帆布，乘船到外地去卖。结果小商品在船上时就全部卖光了，但是帆布却没人要。船到码头后，他向一位淘金工人推销说：“你要买帆布搭帐篷吗？”那个工人回答道：“我们不需要帐篷。但是我觉得你卖的这种帆布做裤子还可以。因为我们现在穿的棉布裤子不结实，很快就磨破了。”听了他的话，列维马上就产生一个想法：用这些帆布做成裤子卖！于是，他和这位淘金工人一起去裁缝店用帆布做了一条裤子，这位淘金工人和他的伙伴们都对这条裤子很满意。接着，列维又用帆布专门定做了一批裤子，也很快销售一空。

出人意料的是，订做这种帆布裤子的订单竟源源不断。后来，因为帆布供不应求，他不得不改用一种靛蓝色的斜纹粗布做裤料。这就是最初的牛仔裤。

1853年，列维正式创建了牛仔裤公司，在旧金山开设工厂大批生产。1873年，他按照一位缝纫工人的建议，用金属加固臀部裤袋的缝口。因为矿工们经常要把矿石样品放在裤袋里，用线缝不结实。裤子上的金属扣是用铜与锌的合金材料做的，其他重要的部分还用皮革镶了边，这让牛仔裤有了自己的特色。

20世纪70年代，该公司又根据顾客的要求，对牛仔裤增加了“石磨水洗”的工艺，大大增加了牛仔裤的柔软度和舒适度。但是，善于开拓的人并不就此停步。1979 年，公司又派人到处寻找各种身材体型的人进行“合身试验”，终于得出来一种颜色的裤子必须有 45 种型号的结论，从而使各种身材、体型的人都能买到合身的牛仔裤。如今，牛仔裤深受各个阶层、各个年龄阶段的人的喜爱。

美国钢铁大王安德鲁·卡内基曾经说过：“当机会呈现在眼前时，若能牢牢掌握，十有八九都可以获得成功，并能克服偶发事件，能替自己找寻机会的人，更可以百分之百地获得胜利。”只要挖掘一切可以挖掘的资源，寻找一切可以利用的机遇，就能在激烈的财富竞争中脱颖而出。即使没有机遇，也要想方设法创造机遇，这是成功的重要条件。

不吃亏的人难成器

千百年来，中国人一直将“吃亏是福”作为古训牢记于心。而如今，随着物欲的横流，这句古训被很多自作聪明的人视为“笑谈”，更把那些认为“吃亏是福”的人称为傻瓜。

事实上，能吃亏是做人的一种境界，更是为人处世的一种智慧。一个不在乎自身利益、不过于计较得失的人，往往会比斤斤计较的人更能如愿以偿。他们不仅不会损失自己的利益，还会赢得别人的友情。而过于计较得失的人反而更容易弄巧成拙，最后得不偿失。因此，真正有智慧的人，不会在乎“装傻充愣”的表面性吃亏，而是看重实质性的“福利”！福兮祸所伏，焉知是福不是祸。得到的未必是福气，失去的也未必是祸事。举个例子：我们经常会被超市的一些促销活动吸引，蜂拥着去买东西。很多人在买东西时觉得自己占了便宜，但对超市来说，它在减少利润的同时增加了商品的销量。所以说，吃亏和占便宜，其本身并没有严格的划分标准。到底什么是吃亏，什么是占便宜，因人、因环境、因社会等因素而不同，仁者见仁、智者见智。

一个边远山区的年轻人为了养家糊口，被迫到深圳打工。离家前，母亲给他煮了 4 个鸡蛋，烙了几张饼，还为他拿出了她珍藏了很多年的嫁妆——一床崭新的被子。

母亲一直在村头看着他的背影消失在视线里。年轻人带着全家人的期望来到深圳，但是举目无亲的他，来深圳的第一个晚上只能凄凉而孤独地在火车站度过。那天晚上，他梦到了慈祥的母亲、乖巧的妹妹、调皮的弟弟……

第二天天一亮，年轻人整理好凌乱悲伤的情绪，开始找工作。但是连小学都没有读完而且没有工作经验的他，要想找一份工作很难。很快他就把干粮吃完了，身上又没有钱，真的是到了山穷水尽的地步。无奈之下，他只得到一家饭馆求救，好说歹说，饭馆老板总算答应让他留下来，但是也只提供吃住，没有工钱。即便如此，年轻人还是兴高采烈地答应了，并对饭馆老板的好心感激万分。

年轻人对工作尽心尽力，无论是刷碗，还是打扫卫生，他都尽力做到最好以报答老板的恩情。他整天对所有的人笑脸相迎，很快就赢得了饭馆老板、员工和顾客的一致好评。很多顾客都点名要他服务。久而久之，他在这一行业小有名气，有公司老板想高薪挖墙脚。但他都笑着拒绝了，他说，他不能忘恩负义，不能丢下饭馆不管。为此，很多人，包括饭馆老板都觉得这个连“天上掉馅饼”都接不住的人是傻瓜，只有他明白自己内心深处的那份坚持。

年轻人还是一如既往地努力工作。几年后，饭馆成了深圳最繁华市区的豪华大酒店，而年轻人也从一个杂工成了总经理。事实上，饭馆老板心里非常清楚，如果不是年轻人的那份执着，他根本不会取得如此辉煌的成就。因此，他准备把自己唯一的女儿嫁给他，并将酒店作为嫁妆送给他。殊不知，年轻人和老板的女儿早已相互爱慕。后来，年轻人不仅娶了心仪的女子，还成了豪华酒店的董事长，成了深圳鼎鼎有名的酒店大亨，人人称羡。

可见，一个人如果太执着于自己的利益，不肯吃一丁点儿亏，即使取得了一时的成就，最终也难成大器。而一个不过于计较自己利益的人，即使一时会被别人当作“傻瓜”，但他最终会赢得人们的好评，并获得财富。

一个人思想的最高境界是能把吃亏当作一种福气。这种境界不是只表现在轰轰烈烈伟大的事情上，更多体现在日常的、平凡的、琐碎的小事上。放弃短暂的利益去收获更有价值的人生，收获更为珍贵的友情、爱情、亲情和财富，何乐而不为呢？

“错误”是成功的先导

失败乃成功之母，每个人都会犯错，只要能从错误中吸取教训，就能为以后的成功之路奠定基础。所以我们常说，要给别人犯错误的机会，也要给别人改过的机会。只要我们坚定信念，不轻易放弃自己的理想，哪怕遇到挫折，犯严重的错误，凡事就都有转机的可能。

那些智商、能力相差无几的人，有的人成功了，有的人却失败了，根本的原因在于：成功者在犯错后善于分析原因，吸取教训，不会再犯同样的错误；而失败者总是过分执着于错误的本身，并不考虑自身存在的问题，而将所有的问题都归结于运气不好等外部因素。

机遇是要靠自己去寻找的。如果没有机遇该怎么办呢？平庸的人就是温水里的青蛙，最终会随着时间的流逝而慢慢老去；不甘平庸的人却会用全部的身心去创造机遇，如果在这个过程中采取行动时犯错了，他们会有效地利用这次机会发现自己的缺点的同时也挖掘自己的潜能，让自己迅速脱颖而出。

很多年前，林丽在一家超市当营业员，老板要求员工每天要站足 8 个小时，而且必须时刻面带微笑。因为工作枯燥无趣，她的心情时常都会很糟，如果在碰到刁蛮的客户，那么有时候发生一些小争吵也在所难免。

有一天，她碰到了一个难缠的女顾客，结果一言不合吵了起来，女顾客气得抓起柜台上的小镜子就朝她扔了过来，她也不甘示弱，夺过清洁工手中的拖把就冲了上去。

服务行业是禁止营业员和顾客发生冲突的。老板立刻让林丽停止工作写检查。她被关在办公室里整整 3 天，反省、写检查。老板对她提出了 3 条处理意见：一是在全体员工面前作自我检讨；二是赔偿超市的经济损失，包括被顾客砸坏的小镜子；三是登门向顾客道歉。

前两条还能勉强接受，第三条她坚决不答应。她认为这场冲突完全是因为顾客的态度太恶劣了，对营业员缺乏起码的尊重。而老板更关注的是超市的声誉、顾客的需求，他要求林丽立刻照办，否则就开除她。

林丽做好了辞职的打算，可还没等她主动辞职，老板就召集了全体员工，让她当众作检查。她原本是想把写好的检讨书砸到老板脸上的，但又觉得自己理亏，最终决定通过检讨书出一口恶气。在检讨书中，她满怀怨恨和愤怒，痛斥了老板的几大罪状，发泄了营业员的不满和无奈。起初，大家都在交头接耳，渐渐地变得寂静，只听得见她一个人的声音。老板的表情很复杂，时而皱眉，时而阴沉着脸，时而露出笑意，大家都在猜测他葫芦里卖的什么药。

终于出了心中的恶气后，林丽主动向老板辞职，并开始收拾自己的衣柜，准备走人，却被老板派来的人拦住了。老板觉得她是一个敢怒敢言的人，如果自己因这点小错误而解雇她，那么自己就犯了大错。老板绝口不提向顾客道歉的事，却任命她为部门副经理，即日上任。后来的事实证明，超市老板做得很对。如今，原来的小超市已经成了著名的连锁超市，而林丽也成了超市的总经理。她经常会感叹，如果没有那次美丽的错误，她的命运将会怎样？人生也许就是另一番光景了。

人生不会有一帆风顺的起航，错误是无法避免的，只要我们没有迷失心的方向。

英国物理学家和数学家凯尔文晚年时曾说过这样一段话：“我坚持奋斗 55 年，致力于科学的发展，用一个词可以道出我最艰辛的工作特点，这个词就是‘失败’。”所有的成功来源于对失败的积累和剖析。

古人云：错误常常是正确的先导。要让错误转变为成功的基石，就必须承认错误，并认真地发现和总结。否则，我们只能和成功失之交臂，在错误的路上越走越远。换句话说，错误是机遇的种子，而使种子最终变成绚烂的花朵或参天大树的只能是我们的努力和汗水。

最大的“恐怖分子”是你自己

每个人的人生随时都需要迎接新的挑战。拥有积极的人生态度的人，能将所有的不利条件转化为有利条件，从而克服困难，使自己的人生之船顺利地驶向目的地；拥有消极的人生态度的人，不仅不能解决所面临的困境，还会滋生出更多的负面情绪，最终偏离航道，走入失败的低谷。有一位伟大的美国哲学家威廉·詹姆斯曾经说过：“我们这一代最伟大的发现是，人类可以经由改变态度而改变自己的生命。”

世界上不会有永远的幸运儿，也不会有永远的倒霉者。当你处于人生低谷，可能随时都会倒下时，只要心中充满希望，不放弃，再坚持一下，就能度过黎明前最黑暗的时刻，迎来人生风雨过后最亮丽的彩虹。

众所周知，创业之路是艰辛而痛苦的。如今的很多大富豪和成功人士，回顾他们白手起家的历史时，无一例外地都会有无数挫折。

希腊船王奥纳西斯最初只是一个两手空空、一穷二白的难民，却在短短几十年后一跃成为世界上最大的富豪之一，拥有数十亿美元的资产和奥尼亚海上的整个科尔比奥斯岛，并且开办了多家造船厂，经营着 100 多家公司。

奥纳西斯 16 岁时随着难民潮来到希腊，却因为找不到工作不得不四处流浪，最后来到南美阿根廷的布宜诺斯艾利斯，在一家电话公司当焊工。为了多挣点钱，他非常卖力，有时甚至通宵达旦地加班。

奥纳西斯始终坚信自己的能力，一直努力奋斗，不断朝着自己的目标前进，因为他心中一直梦想着成为一位成功的企业家。几年后，他有了一笔非常可观的积蓄。烟草在南美很受欢迎，而且投资和风险都不大，于是他开始做烟草生意。事实证明，奥纳西斯的确具备企业家的潜质，在他的苦心经营下，烟草生意越来越好。

24 岁时，他成了驻布宜诺斯艾利斯的总领事，于是有机会接触到船只。1929 年资本主义世界最严重的经济危机爆发了，很多行业都受到了冲击，海上运输业也不可幸免地跌入了谷底。世界贸易陷入瘫痪状态，许多扬帆商海的巨轮顷刻间失去了用武之地。在加拿大国营铁路拍卖会上，有 6 艘货船要出售，这些船只在 10 年前就价值数百万元，但是现在却只卖 2 万美元，但即使是这样，也无人问津。

奥纳西斯经过冷静的分析后，认为这场危机只是一时的，而一旦危机消失，经济很快就会复苏，海上贸易也会重新繁荣。因此，他倾尽所有的积蓄，用 12 万美元买下了价值 200 万美元的 6 艘货轮。

当时，经济危机不仅没有停止，反而愈演愈烈，很多人认为奥纳西斯是在自寻死路。但奥纳西斯丝毫不为所动，他深信自己是正确的，一定会赚大钱。

不久后，二战爆发了，这为海上运输蓬勃发展提供了土壤，奥纳西斯的 6 艘货轮在一夜之间从一堆废铁变成了摇钱树。到二战结束时，他已经成了腰缠万贯的一代船王了。

二战结束后，船主们再次陷入了巨大的恐慌之中，大战留下的隐患势必会再次引发更大的经济危机。但奥纳西斯依旧很沉着、冷静，他预见到二战后，经济一定会进入一个飞速发展的时期，而经济的突飞猛进，必然会刺激能源工业，尤其是石油工业的发展。

于是，奥纳西斯果断地大力投资石油运输，并成功地与沙特国王签订了“吉达协定”，成立了沙特阿拉伯油田开采船海尼有限公司，拥有了从沙特油田开采的石油运输垄断权，这为他带来了源源不断的财富，并最终奠定了他的成功之路。

奥纳西斯的成功告诉我们，只有那些不畏艰苦，坚定不移地追求自己梦想的人才能最终实现自己的目标。

这个世界上，最强大的“恐怖分子”不是所谓的困难和坎坷，而是我们自己；而这个世界上最伟大的力量，不是来源于别人，而是来源于自己。强者或是弱者，成功者或是失败者，不同的人生际遇其实往往就在我们的一念之间。只要我们在面对任何困难时，始终保持一颗坚定的心，抛弃自己的懦弱，就一定能成功。

别一直跟着别人屁股跑

“世界景泰蓝大王”陈玉书说：“致富的秘诀，在于‘大胆创新、眼光独到’八个大字。”石油大王约翰·洛克菲勒说：“如果你要成功，你应该朝着新的道路前进，不要跟随被踩烂了的成功之路。”

在这个竞争激烈的社会，一成不变、盲目跟随只会让你原地踏步，甚至惨遭淘汰。创新是企业立于不败之地的重要法宝，只有不断地创新才能获得进一步的发展。众多成功企业的经验告诉我们：只有创新，才能最大限度地降低生产成本，提高产品品质，否则只能落得被社会淘汰的地步。

美国有一家生产牙膏的公司，产品优良，包装精美，深受消费者的喜爱，每年的营业额都在增长。

公司前十年里每年的营业额增长率为10%~20%，然而，从第十一年开始，该公司的业绩不断减少，到第十二年时则完全停滞不前，每个月都维持一样的数字。董事对于公司的现状颇为不满，立刻召开了全国经理级高层会议，商讨解决困境的对策。

在会议中，一名年轻经理扬扬手中的纸，表示他有个提议，但是如果采用他的建议，就需要另外支付他5万元。

总裁听了生气地说：“我每个月都支付你薪水，还有奖金，现在让你来开会讨论，你还另外要求5万元，这是不是太过分了？”

“总裁先生，请您别误会。如果我的建议行不通，您可以把它丢弃，一毛钱也不必付。”年轻经理解释道。

总裁阅毕他的提议后，马上签了一张 5 万元的支票给这位年轻的经理。而那张纸上只写了一句话：将现有的牙膏开口扩大 1 毫米。

总裁马上下令更换新的包装，试想，每天早上，每个消费者多用 1 毫米的牙膏，那么每天牙膏的使用量大幅度增长。这个决定让公司在接下来一年里的营业额增加了 32%。

创新并不是人们想的那么困难。在致富的过程中，创新是成功的必要因素。一个没有创意的、缺乏创新意识的人，将会永远与财富失之交臂；一个没有创新精神的企业，就会止步不前，最终以惨败收场。因此，要想致富，想实现自己的理想，就必须敢为天下先，想他人之未想，做他人之未做。

《泰晤士报》是在英国全国发行的综合性日报，是一份对全球政治、经济、文化发挥巨大影响力的报纸。但是该报在创设之初，也曾遇到很大的困难，不仅没有闯出名气，而且年年亏损。直到小约翰·沃尔特全面主持报纸的工作后，才使得该报起死回生，摆脱了年年亏损的困境。

这位年轻的编辑一上任就对报纸进行了大刀阔斧的改革——引进了先进的办报理念，其主要措施有以下几个方面：在经营方面，完全断绝与政府的联系，依靠广告和发行收入维持经营，实现自立；在报道方面，大量刊登国内外要闻，派遣干练的记者奔赴国内外热点地区采访，从而获得独家新闻。1815 年拿破仑大败滑铁卢的消息就是由《泰晤士报》最先报道的；在言论方面，崇尚独立，通过遍布全国的记者网了解各基层的情况，以此作为评论依据，逐步发展成为舆论界的重要力量；在技术方面，重视新技术，率先采用蒸汽印刷机、轮转印刷机，不断提高印刷质量和速度。

当时没有一份报纸敢尝试着引导公众舆论，也没有形成自己的特色，无论是从内容还是从版式设计上看起来都令人乏味。小约翰的大胆让很多人都认为《泰晤士报》就要完蛋了，甚至还威胁他停止自己的所作所为，但他依旧坚持自己的做法。终于，小约翰的坚持和努力得到了丰厚的回报，《泰晤士报》成了当时英国首屈一指的大报。

在发行量剧增的情况下，报纸中很多抨击时政、攻击政府的内容也激怒了政府，并且很多外国的稿件在国外就已经被截留了，报纸和小约翰似乎都陷入了绝境。尽管如此，小约翰仍然坚持不退缩。凭着创新和进取的精神，《泰晤士报》最终成了极具世界影响力的报纸。到 1847 年小约翰去世，《泰晤士报》的发行量已达 3 万多份，超过了伦敦其他大报发行量的总和。

不是每个人都能创新，创新也不是某些人的专利。幸运之神不会辜负每一个为理想而努力奋斗的人，也不会眷恋一事无成却一味嫉妒、怨天尤人的人。所以，你要想获得成功，就大胆地发挥自己的潜力，努力创新！

第五章

情商高的人都是行动力强的人

其实，很多时候，我们就站在成功殿堂的大门前，一步之遥，放手一搏就会迈进成功的门槛，所以跌倒了爬起来，坚持就会胜利。

犹豫不决的人抓不住成功

《韩非子·亡征》中有这样一句话："缓心而无成，柔茹而寡断，好恶无决，而无所定立者，可亡也。"意思是说，行事迟疑而无法成事，性格懦弱而缺少决断能力，不能决断怎么样做才好，怎么样不好，（国君如果有这样的性格）是要亡国的。

每个人的心理都会存在缺陷，优柔寡断是心理缺憾中直观、具体的体现之一，心理学上称为意志果断性缺失。所有具有这种缺陷的人，在处理一些重要问题方面，总是会拿不定主意，左右摇摆，做出选择的时间比一般人所用的时间长许多，而且即便这样，他所做的决策也比一般人的水平差许多，给生活带来苦恼，所以如果你要使自己身心健康快乐，就必须解决优柔寡断的心理缺陷问题。

福特在就任美国总统之前曾做过橄榄球运动员，在一次校园比赛中，由于他性格优柔寡断，错失了处理关键球的机会，导致比赛失败。在做赛后总结时，福特说："球队中的一些球员，总是戴着假面具去完成一场比赛。那个假面具，不但希望别人喜欢看，自己看了也会很得意。可是我们为什么要戴假面具，掩饰自己的本来面目呢？因为我们感觉到自己心理上的缺陷，懦弱、胆小，所以要用假面具来维持缺陷……"

后来，福特在回忆录中对那次事件作了深刻的反省："那场比赛结束后，我发现了自己心理的缺陷。为了寻求心理平衡，我将自己的缺陷，我自己根本不能接受的性格特征，投射到其他球员身上，在我心中，我一直坚信，他们也具有这些心理上的缺陷。其实，我想说，这仅仅是一种自我保护的意识，可以让我心灵上获得安宁。然而，很不幸，在我的话还没有说完的时候，就被森马博士粗野地打断了：‘戴着假面具的人，往往会影响自己对人和事的正确判断……’”

心理学家这样解释优柔寡断：思想、情感不集中，难以使思想、情感有明确的指向，意志薄弱，对问题的本质缺乏清晰的认识；在面对具体的事情时的表现是：过于谨慎，想做到面面俱到，不能够取舍，对自己做的决定持怀疑态度，所以即使做了决定也没有办法执行。

很多人对自己性格上的优柔寡断，并不在意，觉得随着年龄和阅历的增长，这种性格上的缺憾也会得到弥补，直至消失。当然这种想法有一定道理。造成优柔寡断的主要原因是缺少自信心。而自信心在生活中是可以培养的，当我们在生活中不断地积累经验，你对某一方面就会有自信，在一定程度上能够克服掉优柔寡断的性格。但是，这种想法又不完全正确，其实，优柔寡断的毛病我们可以在日常生活中克服。

当然，要克服这种性格的缺憾，首先，要改变自己的心理暗示，提醒自己遇事要果断，取舍了无论对错都不后悔。“金无足赤，人无完人”，只要不违背大原则就可以了。要改变这种暗示，就要去做那些平时想做而又不敢做的事情，无论成功与否大胆地迈出第一步，豁出去了，有第一次就会有第二次，这样你不仅会得到更多的实践机会，而且还会变得果断勇敢；其次，做任何事情都要事先将可能出现的情况考虑到，不要因为琐碎的事情而瞻前顾后，缩首畏尾；第三，不要在意别人的看法，不要给自己太多的压力，有太多顾虑，不要在每件事上都过高地要求自己，抵制各种不符合行动目的的主客观因素的干扰，做到坚持不懈，锲而不舍；最后，控制消极情绪，即使遇到挫折也不能气馁，要激励自己前进，继续努力，暂时没有成功，或没有效果，不代表永远不会成功，只要不放弃，多行动、多实践，成功就会光顾。

要想有所成就，就一定要抛弃优柔寡断的性格，犹豫不决或许可以使你避免一些做错事的机会，但同时也会使你丧失成功的机会。别怕犯错，只要能够及时修正就可以了，汲取经验教训，让自己的步伐不断地向前迈进，把握住每一次成功的机会，该决断时就决断。

天下没有免费的午餐

成功学之父拿破仑·希尔曾经说过："一个善做准备的人，是距离成功最近的人。"所以，机遇总是垂青于有准备的人。准备是成功的必要条件，没有准备的行动会陷入无序和混乱，最终导致失败。只有我们做好充足的准备，时刻准备着迎接机遇和挑战，才能在机遇和挑战来临的时候把握住它们，最终获得成功。一个时刻都做好准备迎接挑战的人，才是一个能够获得成功的人。

阿尔伯特·哈伯德出生于美国伊利诺伊州的布鲁明顿，父亲既是农场主又是乡村医生，家境富裕。但他一直想创立属于自己的事业，所以从年轻的时候他就开始为自己的创业积累知识和经验，一直坚持学习专业知识，从来不浪费时间。通常他外出工作的时候，身边也总会带一本书，利用等车或者坐车的间隙学习，这一良好的习惯让他受益良多。阿尔伯特后来成功进入哈佛大学，如饥似渴地学习专业理论。

在去欧洲考察了很多次以后，阿尔伯特开始了他的创业生涯——筹备成立自己的出版社。为了能够做得更好，他不仅咨询了专门的公司，还亲自调查研究了当时美国的出版业，并从出版业前辈那里请教了很多建议和意见。经过一系列的准备工作，阿尔伯特的出版社——罗依科罗斯特出版社终于诞生了。因为准备工作做得充分，出版社成立以后很快便走上正轨。

出版社顺利筹备成功，让阿尔伯特看到了准备工作的重要性：充足的准备不但能为自己抓住机遇打好基础，而且可以大大地提高工作效率。他把这些经验传授给自己的员工，在他的公司里，“时刻做好准备，迎接挑战，你准备好了吗”，俨然已经成为罗依科罗斯特出版社的一种企业文化和他们独特的做事风格。由于总是提前做足准备，员工们都具备了很强的执行力和很高的工作效率。

正是因为做了充分的准备工作，阿尔伯特才能在机遇出现时牢牢地将它抓住，才能理直气壮地迎接挑战，战胜困难，从而获得如此大的成功。他还不断地把自己的体验和见闻整理成书出版，于是很自然地，名誉与金钱相继滚滚而来。

18 世纪时，美国的印刷业以个人开办的印刷小作坊为主，作坊主多数还兼做印刷工的工作。当时，在宾夕法尼亚州有一个叫安德鲁·布莱德福特的人，他和当时的宾夕法尼亚州政府签署了一份为政府印制文件和宣传品的合同，这在当时可以算是个大买卖了，很多小作坊主都很羡慕他。

自从有了合同后，安德鲁开始变得飘飘然，觉得自己以后不用再为生意订单犯愁，好似他的印刷作坊成了铁饭碗，以后都可以高枕无忧了。所以当作坊中秩序混乱，雇佣的工人做事情马马虎虎，印刷出来的东西经常出现错误，他也懒得理会。每次有人劝说他要好好整顿，他总是以自己有和政府签的合同为借口而不听别人的劝告。

有一次，一位宾夕法尼亚州的政府官员要在一个很重要的会议上发言，他将发言稿交给安德鲁，让他负责印刷。安德鲁像往常一样扔给工人处理，结果印刷出来的那篇稿子错误连篇，让那位政府官员很生气。

另一位印刷作坊年轻的作坊主一直都很努力地做自己的事业，即使是很小的一个印刷生意他也很认真地对待，从来没有给顾客造成麻烦。政府的合同是个大单子，他一直都很想做，只是苦于没有机会。当他听说安德鲁为政府印刷的东西出了很大的错误的时候，他觉得自己的机会来了。于是，他找到那位官员，承诺自己可以在最短的时间内把那个稿子整理好并印刷出来。果真，年轻人凭着自己丰富的经验将稿子印刷得版式精美而且语言顺畅。那位官员看了年轻人印刷的稿子后，非常满意。第二年，宾夕法尼亚政府结束了和原来的作坊主的合同，接着就和那位年轻的作坊主签订了长期的印刷合同。

无论做什么事情，都要事先做好充分的准备。只有这样，在遇到突发情况和挑战的时候，我们才会有备无患，使自己永远立于不败之地！

天下没有免费的午餐，机会总是青睐有准备的人，这是亘古守恒的规律。让我们时刻做好准备，迎接挑战，去创造属于我们的成功和辉煌！

向着胜利勇敢前进

俗话说：万丈高楼平地起。任何事物都要经历从无到有、从小到大的过程，在这个过程中，我们也许会遇到挫折和失败，如果我们气馁放弃，还未努力就打退堂鼓，只会和失败常伴。困难是化了妆的幸福，只有拥有坚定的信念、顽强的意志、朝着目标勇敢前行的人才能战胜困难、获得幸福。

有两只青蛙不小心掉进了牧人盛放牛奶的桶里，黏稠的牛奶和光滑的桶壁让它们平时优秀的跳跃能力无法发挥。

一只青蛙觉得自己永远要被困在这里，生命也会结束在这里。于是，它放弃自己，再也不做无谓的挣扎，既不游动也不跳跃，很快便沉到了桶底；而另一只青蛙面对同样的情况却没有绝望和放弃，它告诉自己：上帝给了我强壮的身体和坚强的意志，我一定能逃出困境。于是，这只青蛙鼓足勇气，一次又一次地奋力跳起来。由于那只青蛙一直坚持跳跃，反复踩踏使液体牛奶变成了奶酪！它的奋斗和努力终于换来了成功，它站在奶酪上，轻轻一跃，跳出了牛奶桶，重新回到了池塘中。而那只和它一起掉入桶中的青蛙却真的如它所想的那样，永远留在了牛奶桶中。

人生不可能一帆风顺，其实遇到挫折和困难并不可怕，可怕的是没有尝试和战胜它们的勇气和决心，没有朝着自己的人生目标勇敢前行的顽强意志。但成功往往是给勇者准备的，只有朝着自己的目标勇敢前行的人，才不会因为艰难困境而停下前进的脚步。因为他们坚信：只要付出足够的努力和汗水，任何困难都不能把他们击倒。

有一位著名的推销大师，在即将结束自己的职业生涯时，举行了一场告别演说。那一天，会场内座无虚席，人们热切地期盼着这位伟大的推销大师为他们讲解自己的成功之路。终于，台上的幕布缓缓地拉开了。舞台的正中央吊着一个巨大的铁球，一位白发苍苍的老人在人们困惑却热烈的掌声中走上台，站在了大铁球旁边。全场寂静无声，大师没有说话，工作人员拿上来一个大铁锤，并邀请两位身强力壮的朋友上台。这让等待了许久的人们更加困惑。

等两位身体健硕的小伙子上台后，大师对他们说："请你们分别拿着这个大铁锤用你们最大的力气去敲那个吊着的大铁球。"其中一个年轻人拿起大铁锤使尽了全身的力气去敲打铁球，可惜大铁球纹丝不动。第二个年轻人抡起铁锤，使出九牛二虎之力将大铁锤向铁球抡过去，同样以失败告终。台下的观众叹息声不断响起，并对大师的行为表示不解。

这时候，只见大师从口袋里掏出一个小铁锤向大铁球走去。他开始认真地用小铁锤敲打大铁球。一下、两下、三下……大师的动作不急不缓，看起来极有耐心。半个小时过去了，台下的人们开始不耐烦，有的人甚至愤怒地离场，他们觉得大师也不过如此。尽管台下有人叫骂、有人离开，但是大师并不为所动，依然一下下地敲打着铁球。又过了 10 多分钟，台下有人忽然激动地喊起来："大铁球动了！"会场中一下子静了下来，人们都聚精会神地看着那个铁球。果真，铁球开始摆动起来了，虽然摆动的幅度很小，但这足以让台下的人们惊骇了。大师仍然在不急不缓地敲打着铁球，大约一个小时以后，大铁球终于越摆越高、越摆越高！这时候，台下爆发出热烈的掌声，掌声经久不息，虽然这次演讲大师一句话也没有说，但是人们从他的行动中领悟到的东西胜过千言万语。

任何事情都不可能一蹴而就，任何成功都要经历漫长艰难的过程。所以无论做任何事情，我们都要学会享受过程之美。只要你对事情是全身心地付出与投入，就会感觉到做的过程要比成功的喜悦更让人觉得快乐。虽然有时也有无尽的遗憾。但要明白，更多时候，过程是在修炼我们自身的承受能力，我们的成长，思维的成熟，都是过程之美。当事后或者当自己不再年轻的时候，回忆的也许并不是那站在领奖台上项挂金牌双手高举，万人为你欢呼的一瞬间，而是你向终点冲刺的一刹那，或者是你刚起跑时的兴奋感觉。

人生需要放手一搏

一位伟人说过："胜利的希望和有利情况的恢复，往往产生于再坚持一下的努力之中。"在人生中会遭遇很多失败和逆境，有些人面对失败和逆境退缩了，所以他们只能品尝失败的痛苦，而有些人坚持不懈、奋力一搏，最终会如涅槃的凤凰，获得新生和创造辉煌，所以人生需要放手一搏的勇气和魄力！

日本创业家中田修的创业经历十分坎坷，有时候甚至穷途末路流落街头，在困顿的日子里，他甚至曾经有过 3 次自杀的经历。

中田修 28 岁那年，他的创业又遭遇了惨重的失败，一次又一次沉重的打击让他失去了斗志和信心，他再一次准备结束自己的生命。正当他在街上四处游荡，考虑这次用什么方式结束生命的时候，他被一个"桑泽设计研究院"的广告牌所吸引，当时他并不知道设计院是干什么的，出于好奇，他看了广告牌上对于设计院的介绍。看完以后，他的直觉告诉他，做这个行业应该很有前途。这个想法让他暂时放弃了自杀的念头，他想，既然已经失败了这么多次，再试一次也无妨，如果这次也失败的话，到那时候再结束自己的生命吧。

于是，他便成立了一个设计院，取名为"东京设计院"，负责为客户提供创意和设计。不久，他发现当时日本的设计行业还没有涉及工业领域，所以他开始进行工业领域的设计研究，并且一炮打响，因给日本的几个大企业设计产品而获得了巨大的成功，这不仅为他的设计院带来了丰厚的利润，而且带来了很好的口碑，他的东京设计院很快就成为日本一流的设计研究院。

他的创意层出不穷，并且他发现生活中的很多事情都可以进行“设计”：他发现人们在上厕所的时候常常因为无聊而在厕所的墙壁上乱涂乱画，便设想在厕纸上印卡通漫画；他看到一些商务车在露天广场上经常被太阳暴晒或者被暴雨淋，便设计出了帐篷式的防雨棚……这些看似简单，却实实在在给人们带来了方便的设计为中田修带来了巨大的财富，在他59岁的时候，已经拥有了100亿日元的资产。

放手一搏的勇气和魄力让中田修由一个自杀者变成了一个大企业的总裁，让他在坚持中看到了希望，从而取得了辉煌的成就。

不要等到垂暮之年才后悔自己当初没有尽全力去拼搏，哪怕已经处于绝境也要有放手一搏的勇气和魄力，成功的希望和曙光也许就在我们再坚持一下的时候出现。放手一搏可以让我们的人生绝处逢生、柳暗花明。

古时候有一个专门打造铜锣的作坊，作坊的主人已经70多岁了，但是每天都要掌锤。他的两个儿子虽然已经跟他干了几十年，但每当打到锣心，只剩最后一锤的时候他们就停止了，然后，把锤子交给父亲。

有人不明白其中的缘由，就问作坊的主人。主人说，锣心的这一锤与锣周边的锤法不一样，可以说，锣心以外敲打的每一锤都是为了这最后一锤做准备的，这最后一锤也将决定锣的声音，或清脆或洪亮，所以这一锤必须打得果断，不轻不重恰到好处，否则，之前再优质的材料，再合理的尺寸，再完美的每一锤都是白费。人们听了老人的解释后恍然大悟，原来，这最后一锤才是成功的关键。

其实，在我们的生活中，很多人都缺少这最后的果断的一锤，缺少这放手一搏的勇气和魄力。天才与疯子只有一线之隔，成功和失败也只有一线之隔。很多人初次面对困难时遭受了很多的磨难和苦头，却在最后需要坚持的时候放弃了，所以无法得到成功的眷顾。其实，很多时候，我们就站在成功殿堂的大门前，一步之遥，放手一搏就会迈进成功的门槛，所以跌倒了爬起来，坚持就会胜利。

精彩的人生需要挑战

古罗马的奥维德曾经说过：“一匹马如果没有另外一匹马紧紧追赶着并要超过它，就永远不会疾驰飞奔。”其实这个道理也适合于人，如果我们的生活中没有挑战，也就失去了意义和该有的色彩。

丹东就曾对法兰西人的敌人勇敢地蔑视道：“挑战、再挑战，一直挑战到最后。”面对法国皇帝派来的使者德布赫茨带来革命者要自行解散的命令时，丹东却坚定地回答说：“我们十分清楚那些假借皇上名义的真正用意。而先生你，既不是国民大会的一员，也没有地位，所以你更没有发言权，因为没有人会相信你。所以还是你离开吧，并告诉那些派你来的人，我们的人民愿意在这里战斗，我们不会屈服，即使是刺刀在胸，也决不能！”

古往今来，像丹东这样有气魄的敢于挑战的豪杰比比皆是，而他们能够成功和大义凛然的气质分不开。真正的英雄最大的悲哀不是被对手打败，而是找不到对手，只能孤独终老。当然，普通人也一样需要挑战，挑战生活中的困难，挑战在别人看来都做不到的事情，只有这样你才能从中体会到挑战过程中的快乐，挑战成功的喜悦和满足，人生才会由此充实而丰富多彩。

拳王阿里就是敢于挑战的典范。他总是会在比赛之前雇佣一些人到比赛现场去，在比赛的过程中对他进行人身攻击，而他在蔑视、狂吼和辱骂中寻找刺激，将搏斗欲望激发出来让浑身充满力量，精神到达一个饱满的状态。也许有人会觉得他变态，但这是对他的一种误解。他只是想通过这种方式，让自己在承受压力的同时不断挑战极限，因为挑战对于一个拳王来说是一件很重要的事情，只有挑战，才能激发人的斗志，才能对自己严格要求，才能获得前进的动力。试想一下，刚进赛场，迎接他的就是鲜花和掌声，他还有比赛的斗志吗？

正如莎士比亚所说："那些因为害怕蜜蜂针刺而不敢靠近蜂巢的人不配享用蜂蜜。"如果只满足于现在，不去挑战，又怎么会发现自己无穷的潜力，怎么去改变自己，改变世界。

史蒂芬·威廉·霍金，是有史以来最杰出的科学家之一，但是他的魅力不仅在于所取得的科学成就，还在于他是一个令人折服的生活强者，他的所有成就几乎都是在轮椅上完成的。他不断求索的科学精神和勇敢顽强的人格力量深深地吸引了每一个知道他的人。

21岁时，他不幸患上了会使肌肉萎缩的卢伽雷氏症，被禁锢在轮椅上，浑身上下能够自由活动的也只有3根手指，疾病使他的头始终向右倾斜，身体严重变形。可是上天并没有怜悯他，1985年，他因患肺炎做了穿气管手术，丧失了说话的能力。而且医生还预言，他的生命最多还有两年。可是奇迹总是在他身上发生，3年之后，他完成了一部名叫《时间简史：从大爆炸到黑洞》的著作，从1995年10月该书发行后，受到了广大读者的喜爱，并且发行量超过2500万册，被译成四十余种文字。

霍金是身残志坚的典范，被称为"宇宙之王"，被誉为继爱因斯坦之后世界上最著名的科学思想家和最杰出的理论物理学家。他还曾担任剑桥大学有史以来最为崇高的教授职务——卢卡逊数学教授，那是牛顿和狄拉克曾担任过的。

有人将霍金的成功归功于他的天分。试想一下，如果他空有一身的物理天才细胞，却被病魔打倒了，还会有后来的成就吗？所以说，他顽强勇敢和不断探索科学的精神值得我们每一个人佩服。

霍金身体力行，让我们明白，人生需要挑战，不能让外界的因素束缚你，正如莎士比亚所说："我们知道我们现在是什么样的人，但不知道我们可能成为什么样的人。"挑战是天才的晋升之阶，是信徒的洗礼之水，是能人的无价之宝。当你的生活遇到阻碍时，挑战就像一台钻探机，越是遇到坚硬的石头，越能迸射出绚丽、耀眼的火花。经过挑战磨炼的人，会发现自己又向前迈进了一步，意志更坚强，将来取得的成就会越辉煌。

生命的本质就是勇于探险

古语云：欲求其上上，而得其上；欲求其上，而得其中；欲求其中，而得其下。无论是生活还是事业，我们都应该先设立崇高的目标，狼无野心不活，人无野心不成事，不论处在什么样的社会环境中，只有树雄心、立壮志，才有可能干出一番轰轰烈烈的事业。但是光有目标是不够的，康德说："人的心中有一种追求无限和永恒的倾向，这种倾向在理性中最直观的表现就是冒险，冒险是通往成功的必经之路。"可见成功与冒险如影随行，想要完成高远的目标就必须有冒险精神。

但是生活中总有这样一些人，一方面抱怨没有成功的机会，一方面却安于现状，害怕冒险，害怕承担风险，即使不满足于现有的生活，但为了安全，也不想有所改变。久而久之，他们内心的激情泯灭，身体里积极向上的因子消失，自然也就没有了接近成功的机会，一生碌碌无为。所有的付出都是会有回报的，所以成功与冒险成正比，成功是敢想、敢做、敢于冒险的结果。你冒了几分的险，就会有几分的动力和激情，最终也会相应地得到几分的回报。

成功需要冒险来做催化剂。敢于冒险，是挑战成功的第一步，但是提倡具有冒险精神并不等于盲目地蛮干，凡事要三思而后行，谋定而后动，时刻提醒自己输得起多少。因为再周详的计划，都会有风险。虽然敢冒大风险的人，抓住成功机遇的概率也大，但是损失也会大，如果输掉了离成功也会越来越远。

生命的本质就是勇于探险，不经过无数次的冒险，人类是不可能从茹毛饮血的原始生活方式，进化到今日讲文明礼仪的现代文明方式的。正如福特汽车总裁菲利浦所说："假若缺乏冒险精神，今天就没有了电源、激光束、飞机、人造卫星，也没有盘尼西林和汽车。成千上万的成果将不可能存在。如果生活在一个没有冒险的世界里，我们必将面临重重危机。"

没有一条通向成功的道路是铺满鲜花的。风险与成就共存，敢于冒险，是成功人士的基本素质，要想抓住机遇，将风险转化为成就，要想在奋斗中获得最大化的胜算，就必须敢于冒风险。如果遇事前怕狼、后怕虎，在机遇和挑战面前踌躇不前、左右徘徊，不可能到达成功的彼岸。所以我们做事不能一味追求四平八稳，要"识"有"胆"。

那些取得成功的人们，也曾经历磨难和挫折，也曾遍体鳞伤，但是他们没有退缩，勇于向常规挑战，不满足于已有的现状，依然甘冒风险，屹立潮头，气场尽显，演奏了一曲曲荡气回肠的人生之歌。所以要想有所成就，就必须有冒险的精神，积极尝试新的、没做过的事。敢于把冒险精神投入到工作中去，敢于以冒险来换取成功的机遇。

有付出才能有回报

俄国作家马明·西比利亚克说："如果一个人仅仅想到自己，那么在他一生里，伤心的事情一定比快乐的事情来得多。"所以当我们对这个世界，对自己的生活有所求的时候，请先献出你的爱。如果你希望得到别人的帮助，那就先帮助别人；如果你希望别人以微笑对你，那就先给别人一个甜蜜的微笑。生命只有在奉献与付出中，才能彰显它的使命和意义，奉献过后才能收获快乐，赢得尊重。

一个人最大的欢乐、最大的幸福是把自己的精神力量奉献给他人。只有当你竭力履行你的义务时，你才会知道自己到底有多大价值。

在美国，有一位带有传奇色彩的出租车司机，他的名字叫沃利。沃利总是穿戴整齐，白衬衫、黑长裤、黑皮鞋、黑领带，精神饱满，而他的车，同他的人一样总是干干净净。每次拉载客人时，他都会走下车，打开后座车门，用手挡住车门上框，请客人上车。

等乘客坐定后，他会递给乘客一张名片，说："我叫沃利，很高兴为你服务。名片上写有我的服务宗旨，在我为你把行李放进后备箱时，你可以看一看。"名片背面写着"沃利的服务宗旨：用最快的速度，走最经济的路线，在一路友好的氛围中平安地将顾客送达目的地"。对他的服务每个乘客都暗自惊叹，尤其是看到车里面和车表面一样一尘不染时，对他更加刮目相看。

然后，他提出了这个时段抵达目的地的最佳路线的建议，请乘客定夺。他还告诉乘客，如果需要的话，自己可以介绍沿路的景色，当然如果乘客想休息的话，他可以安安静静的开始。在行进的过程中，他一般会问客人：“要喝一杯咖啡吗？我的保温瓶里有热咖啡。”如果你想故意开玩笑：“咖啡就算了，不过如果有饮料的话，不妨来一杯。”沃利就会立即笑着回答道：“行呀，这里还有可乐、矿泉水和橘子汁。”沃利还会为乘客提供一些报纸和杂志，他总是微笑着对乘客说：“如果你想阅读的话，这里有最新的《华尔街杂志》《华尔街时报》《体育画报》和《今日美国》。”

如果你认为他的服务结束了，那你就大错特错了，如果上面的这些都不能引起你的兴趣，他会递给你一张纸：“这是电台的节目表，如果你想听哪一个频道，告诉我一声。”他还补充说，“车上的空调温度可以按照您的要求随时调节。”

曾有乘客问：“你是不是总是这样服务你的顾客？”沃利回答说：“事实上，我只是近两年才这样做的。在此之前，我已经开了 5 年车，和许多出租车司机一样，也经常牢骚满腹，怨天尤人。但是，有一天，我看到一本书，书中说，如果你早晨起床，心中担心这一天会是糟糕的一天，结果多半就会如此。书的作者建议我们‘不要抱怨自己运气不好，绝大部分的机会都是你自己争取来的。与其把精力花在抱怨和发牢骚上，还不如把心思花在工作上，只要认真去做，就能在竞争中脱颖而出’！”

沃利继续说：“这本书给了我很大的触动，我觉得作者就是针对我这样的人写的。我不能再像鸭子一样呱呱地抱怨了，我要改变我的生活态度，像雄鹰一样在蓝天上飞翔。我认真观察了那些喜欢抱怨的出租车司机，他们的车子大多很脏，他们的服务态度很不友好，顾客不是十分满意。我决定有所改变，多为顾客着想，竭诚为他们服务。”

“我想你会有所回报的。”乘客说。“是的，”沃利答道，“第一年，我的收入就翻了一番。今年，将会增加更多。今天，你很幸运，坐上了我的车，因为我现在一般不会空车，我的活儿不断，用过我车的顾客，下次用车，还会想到我，他们给我打电话，或发短信预约。我不方便时，会推荐那些服务同样周到的司机，我从中收取一定的中介费。”

当沃利把温暖的服务带给乘客时，得到的不仅仅是乘客的满意微笑，还有经济上的回报。一个人最大的价值不是创造了什么，而是给予了什么，无论生命多么短暂，都不要停止努力和付出，即使只能在苍穹中一闪即逝，也要竭尽全力划出一道最美丽的弧线。

在法国，一位绅士不慎落水，农夫拼命将其救出，绅士想报答农夫，农夫却什么也不要，于是绅士便恳切地对他说：“我会让你的儿子接受最好的教育！”果然，20年后，农夫的儿子成了著名的医学家，但是很不幸的是，绅士的儿子却得了不治之症，之后农夫的儿子发明了特效药——青霉素，绅士的儿子得救了。

赠人玫瑰，手有余香；种下美好，长出芬芳，奉献与收获是一种相伴相随的因果关系。天上不会掉馅饼，让我们快乐地付出吧，相信在我们身上会生奇迹。

做个有弹性的人

面对生活中的种种考验，一定要能屈能伸，能高能低，能上能下。只有这样，才能坦然的接受命运的挫折和打击，步入健康积极的人生。

罗艾先生工作非常努力，而且业绩突出，具有管理能力。大家都觉得他具备当部长的实力，他本人也很希望能够得到这个职位，公司董事会对他的成绩很认可，于是他顺理成章地坐到了部长的位置。

当了部长后，他工作更加努力，兴奋中难掩骄傲的神色，大家都替他高兴，也希望他能更上一层楼。

但是一年之后，公司人事发生变动，罗艾先生被调到其他部门当专员。得知消息的那天，他关上办公室的门，一整天都没有出来。

当了专员后，大概难忍失去舞台的落寞，他日渐消沉，后来变成了一个愤世嫉俗者，再也没有脱离那个位置。

事实上，在人生的舞台上，上场下场是很平常的事情。如果当时你的条件吻合舞台需要，你就能登上舞台。

如果你在台上发挥得出色，你就可以在台上待得久一些；如果嗓音跑调，即使老板不让你下台，观众也会轰你下台；若你演的戏太陈旧，不能迎合当下人的心理需求，自然有更合适的人接替你。

当然，没有机会上台和在上台后混不下去不得不离开，一样会伤神，这是人之常情，但是只有做到上台下台都万般自在，才是真正的高境界。

所谓自在指的就是心态。心平气和地面对发生的一切，做你该做的事情，并且想办法准备随时上台——不管是原来的舞台还是别的舞台，只要不放弃，就还有机会！

当然，像罗艾先生这种从主角变成了配角的情形虽然尴尬，但是也正常。人的一生就是由上台下台组合而成的，由主角变配角也是很正常的事情。

由主角变成配角大致有两种情形：第一种，去当别的主角的配角；第二种，与配角对调。尤其是第二种情况最令人难以释怀。但是生活还需要继续，现实再残酷也不能放弃追求。

所以，面对这种情况，没必要悲叹时运不济，你要做的只是平心静气地好好扮演你所扮演的角色，向别人证明你什么样的角色都可以演得很出色！

假如你自暴自弃，到最后就算不下台，也必将沦落到跑龙套的地步。如果配角的角色演好，一样可以赢得掌声。如果你具有潜质，终有一天还会再有独挑大梁的机会！

总而言之，人生的际遇是变幻多端、难以预料的，起伏变化在所难免。碰到这种情况，应该以万般自在的心态面对。具备了能屈能伸的弹性，不但会为你的人生找到支点，还会为你寻得再放光芒的机会。而你的这种机智做人的弹性，也会赢得别人对你的尊重，因为人们都喜欢积极向上、朝气蓬勃的人！